国家油气重大专项课题《海外重点探区目标评价与未来领域
　　选区选带研究》（2016ZX05029005）
　　　　　　　　　　　　　　　　　　　　　　　资助
中国石油天然气集团有限公司科学研究与技术开发项目《乍得—
　　尼日尔重点盆地勘探领域评价和目标优选》（2019D–4308）

# 中西非裂谷系 Termit 盆地油藏地球化学

刘计国　李美俊　毛凤军　等著

石油工业出版社

## 内 容 提 要

本书主要采用油藏地球化学理论和方法，对中西非裂谷系 Termit 盆地上白垩统 Yogou 组烃源分布及地球化学特征、古近系 Sokor 组和上白垩统 Yogou 组原油地球化学特征及原油族群、油气运移方向和充注途径进行了研究，在此基础上，对油气成藏期次与时间、圈闭与储层等成藏地质条件、油藏分布规律及勘探成效等进行了系统阐述。该成果为 Termit 盆地下一步成藏地质研究和勘探部署提供了较为系统的地球化学资料和油藏地球化学依据，不仅可以指导油气勘探生产，而且对中西非裂谷系其他类似含油气盆地的油藏地球化学研究也具有一定的参考价值。

本书可供从事油气藏地球化学研究的科研人员及高等院校相关专业师生参考使用。

## 图书在版编目（CIP）数据

中西非裂谷系 Termit 盆地油藏地球化学／刘计国等

著 .—北京：石油工业出版社，2020.9

ISBN 978-7-5183-3685-2

Ⅰ.① 中… Ⅱ.① 刘… Ⅲ.① 裂谷盆地 – 含油气盆地

– 油气藏 – 地球化学 – 研究 – 非洲 Ⅳ.① P618.130.2

中国版本图书馆 CIP 数据核字（2020）第 057735 号

出版发行:石油工业出版社

（北京安定门外安华里 2 区 1 号　100011）

网　　址:www.petropub.com

编辑部:(010)64523708　图书营销中心:(010)64523633

经　销:全国新华书店

印　刷:北京中石油彩色印刷有限责任公司

2020 年 9 月第 1 版　2020 年 9 月第 1 次印刷

787×1092 毫米　开本:1/16　印张:10.25

字数:220 千字

定价:120.00 元

# 《中西非裂谷系 Termit 盆地油藏地球化学》
# 编 写 人 员

刘计国　李美俊　毛凤军　王文强

刘　邦　肖　洪　孙志华　李早红

姜　虹　郑凤云　陈忠民　袁圣强

吕明胜　程顶胜　欧陈盛　王玉华

# 前言 / *Preface*

  Termit 盆地位于非洲尼日尔共和国东南部，是发育于前寒武系基底之上的中生代—新生代叠合裂谷盆地，也是中西非裂谷系盆地群中重要的含油气盆地之一。自 20 世纪 70 年代至 2008 年近 40 年油气勘探历程中，先后有德士古（Texaco）、道达尔（Total）、埃克森（Exxon）和马来西亚国家石油公司（Petronas）四家国际知名石油公司接手（联手）在该盆地开展油气勘探，共完成二维地震采集约 15000km，前后共钻探井 19 口，评价井 5 口，仅发现了 7 个小油藏和 2 个出油点，综合评价认为油气资源潜力有限，达不到商业开采价值，先后退出该盆地的勘探。

  2008 年 6 月，中国石油天然气集团公司（CNPC）获得了该区块的勘探开发许可，在开展盆地基础地质条件和油气成藏综合评价基础上，开展了大规模勘探开发作业，先后在古近系和白垩系取得重大勘探突破，一期建成 $100 \times 10^4 t/a$ 产能并于 2011 年投产，目前正在进行二期产能建设。

  自 CNPC 在 Termit 盆地开展油气勘探工作以来，就一直开展基础地质研究工作，对盆地构造演化、沉积储层特征及成藏地质条件等都进行了深入研究。在油气地球化学基础研究方面，采集了大量的烃源岩、原油和砂岩样品，并系统开展了烃源岩有机质地球化学评价、油—油对比和原油族群划分、油—源对比、油气运移方向和充注示踪等油气地球化学方面的研究。

  油气地球化学已从传统的烃源岩评价发展到油藏地球化学阶段，油藏地球化学是应用经典的地球化学（无机和有机地球化学）理论和原理，结合油藏工程、石油工程和地质学的理论和方法，揭示油藏中有机与无机相互作用的机理，油藏流体非均质性的分布规律和形成机制，探索油气田储层（油藏）充注过程、聚集历史、成藏机制以及油田开发过程动态监测等具有很强实践意义的学科分支。在油气勘探领域，油藏地球化学主要根据已发现油藏中原油的物理化学性质变化规律，示踪油气运移方向和充注途径、预测优势运移通道、预测潜在烃源灶方位，结合油气成藏期次与时间，研究油气成藏和充注历史，为油气成藏研究和有利勘探区评价提供地质地球化学依据。

本书主要采用油藏地球化学理论和方法，对中西非裂谷系 Termit 盆地上白垩统 Yogou 组烃源分布及地球化学特征、古近系 Sokor 组和上白垩统 Yogou 组原油地球化学特征及原油族群、油气运移方向和充注途径进行了研究，在此基础上，对油气成藏期次与时间、圈闭与储层等成藏地质条件、油藏分布规律及勘探成效等进行了系统阐述。该成果为 Termit 盆地下一步成藏地质研究和勘探部署提供了较系统的地球化学资料和油藏地球化学依据，不仅可以指导油气勘探生产，而且对中西非裂谷系其他类似含油气盆地的油藏地球化学研究也具有一定的参考价值。

本书由中国石油勘探开发研究院非洲研究所、中国石油国际勘探开发公司和中国石油大学（北京）共同编写完成。毛凤军、孙志华、袁圣强、欧陈盛负责第一章、第二章；刘计国、吕明胜、李早红负责第三章；肖洪、李美俊、王文强负责第四章；王文强、李美俊、程顶胜负责第五章；李美俊、刘计国、肖洪、陈忠民负责第六章、第七章；刘邦、郑凤云、姜虹、王玉华负责第八章。全书由刘计国统一审定。感谢中国石油国际勘探开发公司薛良清、潘校华、史卜庆以及中国石油勘探开发研究院张光亚、万仑坤、肖坤叶等专家对该研究和专著编写工作的指导和支持，感谢中国石油大学（北京）师生宝、朱雷、陈清瑶、杨福林、张利文、唐琪、方镕慧、杨哲等在地球化学实验分析和数据处理等方面的辛勤工作。

# 目录/*Contents*

# 第一章　Termit 盆地概况

Termit 盆地位于中西非裂谷系的西支，是发育于前寒武系基底之上的中生代—新生代叠合型裂谷盆地，沉积地层自下而上依次为下白垩统、上白垩统、古近系、新近系与第四系，最大沉积厚度超过 12000m，发育上白垩统与古近系两套烃源岩。

## 第一节　区域地质背景

Termit 盆地位于尼日尔共和国东南部，向南延伸至乍得西北部（乍得境内称乍得湖盆地），属于西非裂谷系的北延部分，发育于前寒武系—侏罗系基底之上，是东尼日尔盆地群（Tefidet 盆地、Tenere 盆地、Grein 盆地、Kafra 盆地、Termit 盆地）的主体。该盆地呈北西—南东向长条形展布，最北端以 Agadez 线为界与 Tefidet 盆地、Tenere 盆地、Grein 盆地、Kafra 盆地相接，向南与 Benue 海槽北端的 Bornu 盆地相邻。南北长约 300km，面积约为 30000km$^2$（图 1-1）。

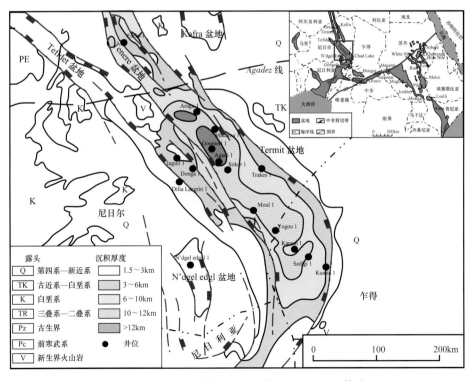

图 1-1　Termit 盆地构造位置（据 Genik，1993 修改）

1

Termit 盆地的形成与早白垩世南大西洋的张裂密切相关，正是在南大西洋的张裂构造背景下，非洲—阿拉伯板块内部伸展应力方向为北东—南西向（Guiraud 和 Maurin，1992）。东尼日尔、乍得、苏丹、肯尼亚等地区陆内裂谷盆地初始断陷沿着北西—南东向的前泛非期变质带和泛非期褶皱带再次活动，北西—南东向的边界断层快速沉降，沉积了数千米厚的陆相地层（Schull，1988；Bosworth，1992），发育了一系列陆内裂谷盆地。

晚白垩世为显生宙全球海平面最高时期（Philip，2003；Guiraud 等，2005），Termit 盆地发生大规模海侵，海水来自新特提斯洋和南大西洋，沉积了约 3000m 厚的海陆过渡相地层。晚圣通期非洲—阿拉伯板块与欧亚板块初始碰撞，板内产生近北北西—南南东向挤压应力。不同轴向的盆地对该构造事件具有不同的响应特征，表现为西—东或北东东—南西西轴向盆地发生反转或褶皱作用（如乍得 Bongor 盆地、Salamat 盆地和 Doseo 盆地等），而北西—南东向盆地则继续沉降，未发生明显的构造反转（如尼日尔 Termit 盆地，苏丹 Muglad 盆地、Melut 盆地等）（Guiraud 和 Bosworth，1997）。晚白垩世末期海平面下降，至马斯特里赫特期，中西非裂谷系盆地以陆相沉积为主。

古新世和中始新世，阿尔及利亚、埃及西北部、苏丹—肯尼亚、东尼日尔等地区裂谷盆地持续沉降。晚始新世早期非洲—阿拉伯板块与欧亚板块发生一期主碰撞，板内主构造挤压应力方向与晚圣通期构造事件基本一致，为北北西—南南东（Guiraud 等，2005）。在该构造事件发生后，非洲—阿拉伯板块处于大规模伸展和岩浆活动活跃阶段，主伸展应力方向为北东东—南西西或近西—东向（Janssen 等，1995），中西非北西—南东向裂谷盆地再次发生断陷，同时在泛非期褶皱带等构造薄弱处发生大规模的岩浆活动。

中新世至今，中非剪切带活动停止，中西非裂谷系盆地演化以热沉降作用为主，同时伴随着红海裂谷化和亚丁湾的发育，阿拉伯板块与非洲板块分离。

## 第二节　油气勘探历程

中国石油进入之前，德士古（Texaco）、道达尔（Total）、埃克森（Exxon）、马来西亚国家石油公司（Petronas）等多家著名跨国石油公司曾在 Termit 盆地勘探 30 多年，共采集二维地震 15000km，测网密度达到 1km×1km～8km×10km，油气发现的西部断阶带地震测网较密，其他区带二维地震测网较稀。共完钻探井 19 口，评价井 5 口，探井成功率 47%，经过几十年的勘探认为该盆地油气资源潜力不大，最终选择退出该区块的勘探，累计投资约 3.5 亿美元。

1970 年，Texaco 进入 Termit 盆地开展油气勘探，当时的区块面积非常大，主要针对白垩系进行勘探，针对白垩系共完钻探井 7 口，只发现了 1 个出油点，认为潜力不大，后把目光转向古近系，完钻探井和评价井 4 口，发现了 Sokor 油田，1985 年退出。

1985 年，Elf（Total 子公司）和 Exxon 进入，各拥有该区块 50% 的权益，Elf 是作业者。在 Termit 盆地主体的 Agadem 区块开展油气勘探，针对古近系完钻探井 5 口，先后发现了 Goumeri、Agadi、Karam 和 Faringa 等油气田。

1995 年，Esso（Exxon 子公司）拥有该区块 80% 的权益并担任作业者，1998 年 Elf 在未得到任何补偿的情况下退出该项目，Esso 拥有该区块 100% 的权益。针对古近系完钻探井 3 口，无油气发现。

2001 年 6 月，Exxon 续签该区块合同，与 Petronas 公司各拥有该区块 50% 的权益，Petronas 担任作业者，针对古近系完钻探井 3 口，只发现一个小油藏。

2006 年 5 月，Exxon 拥有的该区块合同到期没有续签，尼日尔政府收回该区块的油气作业权。

2008 年 6 月 2 日中国石油获得了该区块的勘探开发许可，在盆地综合地质评价的基础上开展大规模油气勘探开发作业。中国石油进入后，针对古近系的勘探取得了巨大成功，后续针对白垩系的勘探也获得了突破。一期建成 $100 \times 10^4$t/a 产能并于 2011 年投产，目前正在进行二期产能建设。

# 参 考 文 献

Bosworth W. 1992. Mesozoic and Early Tertiary rift tectonics in East Africa [J]. Tectonophysics, 209（1–4）: 115–137.

Genik G J. 1993. Petroleum geology of Cretaceous–Tertiary Rift Basins in Niger, Chad and Central African Republic [J]. AAPG Bulletin, 77: 1405–1434.

Guiraud R, Maurin J C. 1992. Early Cretaceous rifts of Western and Central Africa: an Overview [J]. Tectonophysics, 213（1–2）: 153–168.

Guiraud R, Bosworth W. 1997. Senonian basin inversion and rejuvenation of rifting in Africa and Arabia: synthesis and implication to plate–scale tectonics [J]. Tectonophysics, 282（1–4）: 39–82.

Guiraud R, Bosworth W, Thierry J, Delplanque A. 2005. Phanerozoic geological evolution of Northern and Central Africa: An overview [J]. J Afr Earth Sci, 43（1–3）: 83–143.

Janssen, M E, Stephenson, R A, Cloetingh S. 1995. Temporal and spatial correlations between changes in plate motions and the evolution of rifted basins in Afirca [J]. GSA Bull, 107（11）: 1317–1332.

Philip J. 2003. Peri—Tethyan neritic carbonate areas: distribution through time and driving factors [J]. Palaeogeogr, Palaeoclimatol, Palaeocol, 196（1–2）: 19–37.

Schull T J.1988. Rift basins of interior Sudan, petroleum exploration and discovery [J]. AAPG Bull, 72（10）: 1128–1142.

# 第二章 Termit 盆地构造特征

受区域构造背景的影响，从早白垩世至今，Termit 盆地经历了两期裂谷作用的演化。白垩纪和古近纪的两期裂谷旋回控制了盆地的构造特征、断裂发育、区带分布、生储盖组合及油气分布。

## 第一节 盆地构造演化

Termit 盆地的构造演化可划分为三期六个阶段。前裂谷期经历了泛非地壳拼合阶段及寒武纪—侏罗纪稳定克拉通阶段，同裂谷期经历了早白垩世裂谷阶段、晚白垩世坳陷阶段及古近纪裂谷阶段，后裂谷期为新近纪—第四纪坳陷阶段（Genik，1993；Guiraud 等，2005）（图 2-1）。

### 一、前裂谷期（770—130Ma）

Termit 盆地构造演化始于前寒武纪泛非地壳拼合运动（约 770—550Ma），形成泛非古陆（冈瓦纳大陆的一部分）。此时期的拼合作用同时也形成一些特定方向的脆弱带，成为后期早白垩世—古近纪裂谷的先存断裂带。

寒武纪—侏罗纪（约 550—130Ma），中西非地区为自北向南超覆的陆相沉积，形成楔形的稳定克拉通台地，局部地区在海西运动时期沿泛非古陆脆弱带发生热变质作用（Genik，1993）。

### 二、同裂谷期（130—25.2Ma）

随着冈瓦纳大陆解体及大西洋和印度洋的开启（约 130Ma），Termit 盆地早白垩世至古近纪为断裂活动、构造沉降和沉积作用的主要阶段。根据裂谷作用的演化，可将同裂谷期划分为三个阶段。

#### （一）早白垩世裂谷阶段（130—96Ma）

早白垩世裂谷阶段，非洲—阿拉伯板块内部处于北东—南西向伸展应力环境（Guiraud 和 Maurin，1992）。在东尼日尔地区，强烈的裂谷作用形成一系列北西—南东向断层，与基底构造薄弱带（前泛非期变质带）的走向一致（图 2-2）。东尼日尔盆地群（Tefidet 盆地、Tenere 盆地、Grein 盆地、Kafra 盆地、Termit 盆地）沿这些断层发生强烈伸展断陷，形成一系列地堑和半地堑。此时期 Termit 盆地的沉降中心位于 Dinga 凹陷及 Moul 凹陷。

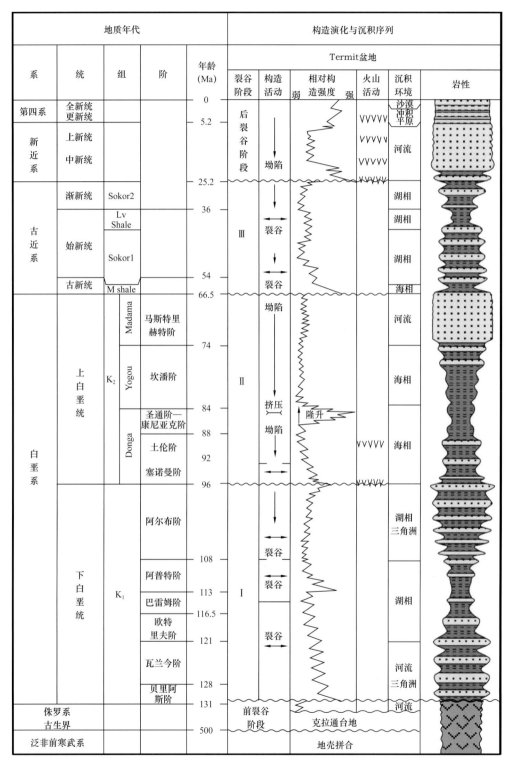

图 2-1  Termit 盆地构造演化阶段划分图

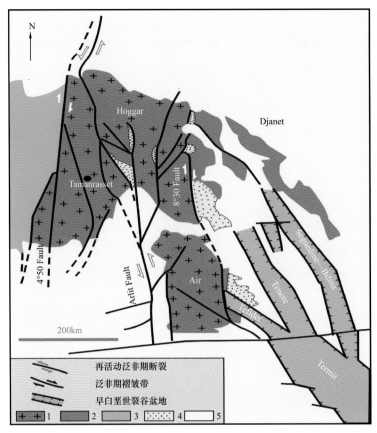

图 2-2　前泛非期变质带与东尼日尔盆地群分布

1—再活动片麻岩（＞2Ga）；2—前泛非期变质带（约 730Ma）；3—新元古界单元；

4—新元古代火山碎屑片岩带；5—显生宇沉积盖层

（据 Guiraud and Maurin，1992 修改）

　　早白垩世裂谷阶段以顶、底不整合面为标志。底界面为前裂谷期与同裂谷期沉积的分界面，顶界面为裂谷作用向坳陷作用的转换面。该时期地层展布受地堑或半地堑边界断层活动控制。

## （二）晚白垩世坳陷阶段（96—66.5Ma）

　　晚白垩世早期经历短暂的裂谷作用，其后经历长时间的热沉降，断裂活动较弱，总体上以坳陷作用为主。其沉积地层包括 Donga 组、Yogou 组及 Madama 组。此构造阶段以 Madama 组顶面不整合面结束。

　　与苏丹／南苏丹 Muglad、Melut 等盆地不同，Termit 盆地晚白垩世的区域沉降导致大规模海侵。古生物资料研究表明，在晚白垩世赛诺曼期至坎潘期（96—74Ma），非洲板块内部存在一条横穿撒哈拉海道，连通南大西洋和新特提斯洋，分隔 Hoggar 和 Tibesti 隆起，流经尼日利亚 Benue 海槽、乍得、尼日尔及阿尔及利亚（图 2-3）（Kogbe，1980；Guiraud 等，2005）。东尼日尔盆地群在热沉降和大规模海侵的背景下，为一个统一的海相盆地，沉积了巨厚的海相砂岩与泥页岩，以 Donga 组和 Yogou 组为代表。圣通期晚期挤压构造运动使盆地整体抬升，相对海平面逐渐下降，至马斯特里赫特期过渡为陆相沉积，沉积厚层 Madama 组辫状河砂岩。此时期 Termit 盆地沉降中心位于 Dinga 凹陷。

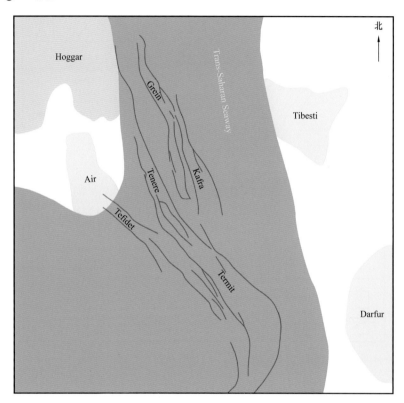

图 2-3　晚白垩世非洲—阿拉伯板块内部海侵分布

### （三）古近纪裂谷阶段（66.5—25.2Ma）

古近纪裂谷沉积形成于非洲—阿拉伯板块内大规模伸展活动的构造背景。在古新世—始新世中期，断陷活动较弱。始新世末—渐新世中期，盆地经历强烈伸展断陷活动，区域伸展应力方向为北东东—南西西向，盆地走向为北西—南东向，表现为斜向伸展作用。可见，从早白垩世裂谷阶段至古近纪裂谷阶段，Termit 盆地经历了由正向伸展向斜向伸展的转变。两期裂谷叠置对盆地的构造特征和演化具有重要的控制作用。在盆地边界附近，后期断层受早白垩世断层影响较大，走向与先存构造近平行。走向为北西—南东向且倾向相反的断层，为早期断层的派生断层，构造样式上与早期断层呈"Y"形特征，如 Dinga 断阶、Araga 地堑、Yogou 斜坡及 Soudana 隆起构造带。在盆地内部，伸展应力方向起主要的控制作用，后期断层走向与其近垂直，呈北北西—南南东向，如 Dinga 凹陷、Fana 低凸起及 Moul 凹陷（图 2-4）。

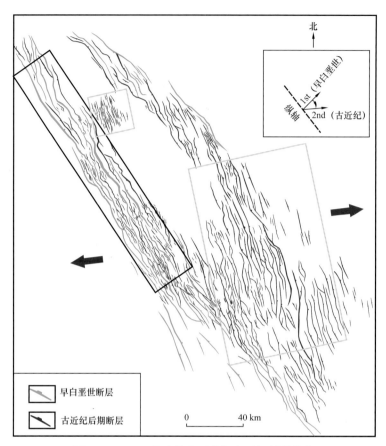

图 2-4　Termit 盆地早白垩世与古近纪断裂分布

　　盆地北部和南部对古近纪裂陷活动具有不同的响应。在 Dinga 断阶，早白垩世断层在古近纪继承发育，断裂活动强，断距较大，并派生出一系列的新生断层。在 Araga 地堑，古近系继承早白垩世断裂发育，并产生一些新生断层，总体呈双断结构。从盆地东西两侧断裂活动对比来看，Araga 地堑断裂活动小于 Dinga 断阶。在盆地南部，构造活动未改变早白垩世半地堑的构造格局，Yogou 斜坡早白垩世断层继承性活动，Trakes 斜坡断裂活动弱，总体呈西断东超结构。该构造活动时期，沉降中心位于盆地北部的 Dinga 断阶靠近 Dinga 凹陷一侧。

　　古近纪早期非洲—阿拉伯板块内再次发生短暂海侵，持续时间较短，于古新世末—始新世初结束。与晚白垩世海侵不同的是，该时期连通新特提斯洋和南大西洋的横穿撒哈拉海道主要位于 Hoggar 隆起西侧，从几内亚湾流经尼日利亚、尼日尔、马里及利比亚（图 2-5）。在东尼日尔地区，海侵时间短，海水较浅，仅沉积了厚约 5～10m 的薄层海相砂泥岩，以泥岩为主。

　　古近纪裂谷初始期主要沉积 Sokor1 组，为湖相—三角洲沉积。此时期裂谷作用相对较弱，沉降速率较小，物源供给相对充足，砂岩含量高。裂谷深陷期沉积 Lv 组泥岩及 Sokor2 组中下部断层活动强烈，沉降中心位于 Dinga 断阶靠近 Dinga 凹陷一侧。该时期为古近纪最大湖泛时期，岩性以滨浅湖—半深湖泥岩为主。裂谷萎缩期沉积 Sokor2 组上部。此时期裂谷作用减弱，物源供给相对充足，主要为浅湖—三角洲沉积。相对于裂谷深陷期，裂谷萎缩期沉积的砂岩含量增加。

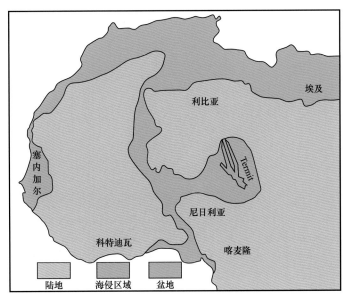

图 2-5　古近纪非洲—阿拉伯板块内部海侵分布（据 Kogbe，1980 修改）

### 三、后裂谷期（25.2Ma 至今）

后裂谷期沉积地层主要为新近系和第四系，与下伏同裂谷期沉积地层以角度不整合接触。此时期构造活动弱，以热沉降为主，沉降中心位于 Dinga 凹陷和 Moul 凹陷中部。

后裂谷期主要为河流及冲积平原沉积，岩性以砂岩为主，沉积中心与沉降中心一致。

## 第二节　构造单元划分

Termit 盆地总体呈北西—南东向展布，具有明显的东西分带、南北分块的特征。由于早白垩世及古近纪两期裂谷的叠置作用，盆内主要发育走向为北西—南东和北北西—南南东的两组断裂。根据断层的期次和级次，可把该盆地断层分为两类，一类为早白垩世形成且古近纪继承性活动的控凹断层，另一类为古近纪形成的后期断层。前者主要分布于盆地边界，为北西—南东走向，后者在盆地边界和内部均有发育，为北西—南东和北北西—南南东走向。以古近系 Sokor1 组顶面构造解释为基础，结合构造演化特征与构造样式差异，可把 Termit 盆地划分为十个构造单元，分别为西部隆起带、Dinga 断阶带、Dinga 凹陷、Araga 地堑带、东部隆起带、Fana 低凸起、Yogou 斜坡、Moul 凹陷、Trakes 斜坡及 Soudana 低隆起（图 2-6）。

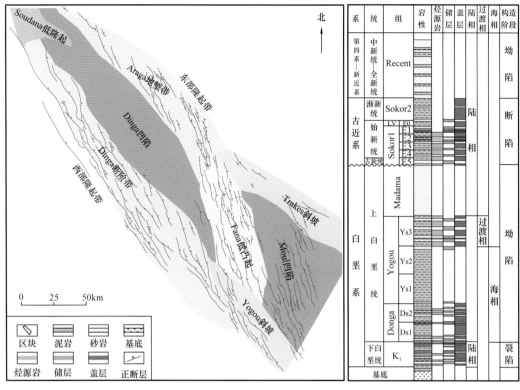

图 2-6　Termit 盆地构造单元划分

西部隆起带断裂由一系列北西—南东向断层组成，呈雁列式排列，分割下白垩统为多个半地堑和地堑。该构造单元断裂主要为早白垩世形成的断裂，断距较大，在古近纪不活动。

Dinga 断阶带断裂呈北西—南东向展布，其包括早白垩世形成且古近纪继承性活动的早期断层和古近纪形成的后期断层。前者为一系列雁列式控凹断层，呈北东倾向，断面陡、断距大、平面延伸距离长，大多切割新近系和第四系之下的沉积地层。后者大多数呈南西倾向，相间分布于早期控凹断层之间，与其形成"Y"形构造样式。这些断裂为北西—南东向，与早期断层近平行，断面陡、断距小、平面上延伸距离短。

Dinga 凹陷早白垩世断裂不发育，古近纪发育少量北北西—南南东走向的断裂，大多数断距较小，平面延伸距离短，呈雁列式分布。

Araga 地堑与 Dinga 断阶相比，早白垩世控凹断层在数量和规模上均较小，呈北西—南东走向，倾向为南西向。古近纪形成的后期断层呈雁列式排列，在南部呈北西—南南东走向，往北逐渐向北西—南东向收敛，与早白垩世断层走向趋于平行。

东部隆起带早白垩世及古近纪断裂均不发育，为斜坡沉积背景，主要保存白垩系。

Yogou 斜坡由一系列北西—南东向断层组成。断层主要有两类，一类是早白垩世形成且古近纪继承性活动的断层，呈北东倾向，早白垩世时期断距大，延伸长，古近纪时期持续发育，但活动弱，断距小。另一类为古近纪发育的断裂，断距小，平面延伸距离短。

Moul 凹陷断裂主要为古近纪发育的断层，走向呈北北西—南南东向，倾向为北东东向，断距小，平面延伸距离短，呈雁列式分布。

Trakes 斜坡断裂包括两类，一类是早白垩世形成的断裂，呈北西—南东走向，倾向为南西向，古近纪持续活动，但活动较弱。另一类为古近纪形成的断裂，呈北北西—南南东走向，倾向为北东东向。该构造单元早白垩世和古近纪产生的断裂断距均较小，平面延伸距离较短。

Fana 低凸起在晚白垩世沉积时期为北北西—南南东向的低幅凸起，分割了 Dinga 凹陷和 Moul 凹陷。该构造单元的断裂主要在古近纪裂谷期形成。与 Moul 凹陷相似，其断裂走向呈北北西—南南东向，倾向为北北东向。从 Fana 低凸起往北至 Araga 地堑、往南至 Yogou 斜坡，古近纪断裂走向逐渐与早白垩世断裂趋于一致。

Soudana 隆起位于 Termit 盆地的北部。早白垩世产生的断裂呈北西—南东向展布，倾向为北东向，这些断裂在古近纪持续活动，断距大，平面延伸距离长。古近纪除了继承性发育早白垩世断裂之外，还产生了一些新生断裂，走向与早白垩世断裂近平行，倾向相反，断距小，平面延伸距离短。Soudana 隆起为古近纪后期挤压抬升隆起，Sokor2 组遭受剥蚀。在隆起的两侧，构造抬升量小，Sokor2 组遭受剥蚀量少，保存较为完整。

## 第三节　断裂发育特征

前已述及，Termit 盆地经历了两期裂谷作用的演化。第一期裂谷作用发生于早白垩世，此时期非洲—阿拉伯板块内部南西—北东向伸展应力使 Termit 盆地发生强烈裂陷，形成由一系列北西—南东向雁列式断层控制的地堑和半地堑。在早白垩世裂谷阶段，沉积了裂谷初始期地层、裂谷深陷期地层及裂谷萎缩期地层。晚白垩世进入坳陷作用阶段，构造活动较弱，以热沉降为主，沉积了 Donga 组至 Yogou 组海相地层以及 Madama 组河流相地层。第二期裂谷作用发生于古近纪，此裂谷期形成于非洲—阿拉伯板块与欧亚板块碰撞及板块内部伸展断陷的构造背景，伸展应力方向为北东东—南西西向。在盆地边界附近，形成于早白垩世的断层继承活动，并派生出与其走向近平行、倾向相反的断层，形成 "Y" 形构造样式。在盆地内部早白垩世断裂不发育的区域，形成了一系列走向与伸展应力方向近垂直的新生断裂，呈北北西—南南东向，其走向与早白垩世的断裂存在一定夹角（图 2-4）。

### 一、两期断裂的继承性

早白垩世裂谷作用强，盆地沉积范围较大，古近纪裂谷相对较弱，盆地沉积范围较小。盆地西侧早白垩世发育一系列东倾断裂，古近纪断裂在此东倾断裂的基础上持续发育，向 Dinga 凹陷逐节下掉形成 Dinga 断阶，叠加效应强。盆地东北部早白垩世发育西倾边界断裂，古近纪继承东北部边界断裂发育，总体上形成盆地北部的双断结构。东南部古近纪继承早白垩世构造格局，断裂活动弱，总体上形成"西断东超"的结构。

## 二、两期断裂的差异性

古近纪裂谷期除了边界断裂继承性发育之外，同时也产生大量新生断裂。盆地西侧在继承东倾断裂的基础上，发育少量西倾断裂，在 Dinga 断阶与 Dinga 凹陷之间形成小型地堑，但展布范围较为局限。东北部在继承西倾断裂的基础上，产生大量东倾断裂，形成狭长分布的 Araga 地堑。Fana 低凸起、Moul 凹陷及 Trakes 斜坡早白垩世裂谷阶段断裂活动较弱，断裂发育较少，古近纪裂谷阶段则产生一些新断裂，走向近北北东向，总体断距较小。

# 第四节 构造演化对油气成藏的影响

与世界其他裂谷盆地类似，Termit 盆地构造演化控制着生储盖组合，同时构造活动也控制着圈闭的形成及油气运移。Termit 盆地油气藏类型主要为与断层相关的构造油气藏为主，其中又以反向断块、断垒油气藏为主。

Termit 盆地油气分布规律明显。平面上，以临近 Termit 盆地主力生烃灶 Dinga 凹陷两翼的 Dinga 断阶、Araga 地堑为主要油气富集区，Fana 低凸起临近南北两个生烃凹陷，且其断层断距较小，油气分割、破坏作用不明显，使临近生烃凹陷的圈闭油气充满度相对较高，油气成藏条件与上述两个区带类似。

## 一、构造演化控制海相烃源岩的分布

古近系成藏组合的油气主要来自上白垩统海相烃源岩，仅在 Dinga 断阶及 Dinga 凹陷内证实少量来自古近系湖相烃源岩。而上白垩统海相烃源岩的发育一方面缘于晚白垩世大范围海侵，沉积了广泛分布的海相烃源岩，另一方面因为晚白垩世为第一裂谷旋回的坳陷期，构造活动较弱，沉积盆地相对平缓，为大范围海侵及烃源岩的发育提供了较好的构造背景。现今上白垩统海相烃源岩已大面积成熟，且处于生烃高峰末期，为古近系成藏组合提供丰富的油气。由于烃源岩的分布面积大于古近系沉积盆地的面积，因而古近系成藏组合可以大面积聚集油气，成藏条件有利。

## 二、断裂活动控制油气的运移与成藏

古近系成藏组合的油气除少量来自 Dinga 凹陷湖相烃源岩以外，大量来自上白垩统海相烃源岩，总体上为一套下生上储组合。因此，断裂对于沟通深层油源，使油气运移至浅层成藏至关重要。

油气勘探表明，古近系油气主要分布在早白垩世以来的继承性断层和古近纪沟通油源大断层相对集中的地方。古近系发育边界断层和一系列二级断层（$F_1$—$F_7$），呈雁列式排列。这些二级断层控制了构造区带和油藏的分布。其中 $F_1$—$F_2$ 控制 Dinga 断阶，$F_3$ 控制 Yogou 斜坡，$F_4$—$F_5$ 控制 Araga 地堑，$F_6$—$F_7$ 控制 Fana 低凸起（图 2-7）。断裂沟通油源并作为油气运移的主要通道，使得油气在这些构造带上聚集成藏。目前在 Dinga 断阶及 Araga 地堑已勘探发现了大量油气，可以推断其余断裂较发育的构造带也具有较大的勘探潜力。

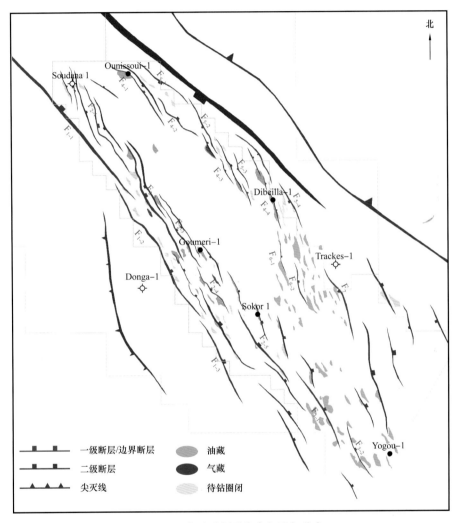

图 2-7　古近系断裂发育与油气分布

　　在油源条件一定的情况下，断层发育不仅控制油气能否运移至古近系成藏，在不同区带其影响作用不同，在同一区带内断距对油气成藏规模大小有一定的影响作用。主断层断距越大，则越易沟通上白垩统油源，同时也能使古近系储层与泥岩接触形成良好的侧向封堵条件。反之，若控制圈闭的主断层断距较小，则不易沟通油源在古近系成藏。根据古近系控制圈闭主断层断距与油气成藏关系统计分析，断距小于 200m 的圈闭大多未聚集油气或油气充满度较低。两侧均发育沟通油源大断层的圈闭捕获油气的机会大，有利于成藏。地质储量大于 $1 \times 10^8$bbl 的圈闭，其两侧断层均发育，断距大多为 400～700m；地质储量在（0.5～1）×$10^8$bbl 的圈闭，断层两侧均发育，断距大多为 300～600m；地质储量在（0.1～0.5）×$10^8$bbl 的圈闭，断层两侧发育，断距大多为 200～500m；地质储量小于 0.1×$10^8$bbl 的圈闭，断层发育程度低，断距均小于 300m；未聚集油气的圈闭，断层仅在一侧发育，其中 Boujamah、Achigore、Dibeilla W、Madama N 圈闭的断层断距小，未能有效沟通油源。Araga 圈闭断层断距较大，但受地层产状、高角度断层发育及保存条件等的影响，聚集成藏的油藏规模远小于圈闭规模，油气充满度低或未能聚集成藏。

不同区带断距对油气成藏的影响作用不同，如 Moul 凹陷发现的油藏其断距均较小，但仍然能发现油气，说明断层断距只是影响油气垂向运移强弱和分隔油气，相对来说小断层控制的构造圈闭成藏概率偏低，发现储量规模偏小。

# 参 考 文 献

Genik G J. 1993. Petroleum geology of Cretaceous–Tertiary rift basins in Niger，Chad，and Central African Republic［J］. AAPG Bulletin，8：1405–434.

Guiraud R，Maurin J C. 1992. Early Cretaceous rifts of Western and Central Africa：an Overview［J］. Tectonophysics，213（1–2）：153–168.

Guiraud R，Bosworth W. 1997. Senonian basin inversion and rejuvenation of rifting in Africa and Arabia：synthesis and implication to plate–scale tectonics［J］. Tectonophysics，282（1–4）：39–82.

Guiraud R，Bosworth W，Thierry J，Delplanque A. 2005. Phanerozoic geological evolution of Northern and Central Africa：An overview［J］. J Afr Earth Sci，43（1–3）：83–143.

Kogbe. 1980. The Trans–Saharan Seaway during the Creteceous［M］. The Geology of Libya，Academic Press，Lagos，91–95.

# 第三章 层序格架与储层特征

Termit 盆地与中非裂谷系盆地群最大的区别是在晚白垩世遭受大规模海侵，沉积了巨厚的海相地层（Philip，2003；Guiraud 等，2005），这与西非裂谷系经历的区域构造演化息息相关。

## 第一节 地层发育特征

如前文所述，Termit 盆地从形成至今，经历了早白垩世和古近纪两个裂谷期，晚白垩世发生大规模海侵。与之对应沉积了 3 套"粗—细—粗"沉积旋回，其中早白垩世裂谷期残留了"粗—细"半旋回，晚白垩世和古近纪保留了 2 个完整的"粗—细—粗"旋回，整体沉积盖层的厚度超过 12000m。地震、钻井、测井及古生物等资料显示，盆地内地层从老到新主要有：前寒武系基底、寒武系—侏罗系浅变质岩、下白垩统、上白垩统、古近系、新近系和第四系。

### 一、前寒武系基底

目前在 Termit 盆地及周边盆地共有 4 口井钻至前寒武系基底，岩性包括黑云母片麻岩、伟晶岩、石英云母片岩、千枚岩、花岗岩等，年龄介于 434—489Ma 之间（K/Ar 和 Rb/Sr 法）（表 3-1），推测为泛非构造事件的产物。

表 3-1 东尼日尔地区基底和岩浆岩测年数据表（据 Genik，1993 修改）

| 盆地 | 井号 | 井深（m） | 岩性 | 产状 | 年龄（Ma） | 备注 |
|---|---|---|---|---|---|---|
| Grein | Seguedine-1 | 3143 | 黑云母片麻岩、伟晶岩 | 基岩 | 434～489 | R |
| Termit | Gosso Lorom | 露头 | 玄武岩、粗玄岩、凝灰岩 | 喷出岩 | <1～10 | R |
| | Iaguil A-1 | 2486 | 片岩 | 基岩 | >266 和<116 | R |
| | Iaguil A-1 | 1250 | 碱性辉绿岩 | 岩床 | 8.6±0.5 | R |
| | Dilia Langrin-1 | 1987 | 花岗岩 | 基岩 | 190±7 | R |
| | Sedigi-1 | 2095 | 流纹岩、玄武岩 | 岩墙 | ≤85 | S |
| | Sedigi-2 | 2103 | 流纹岩 | 岩墙 | ≤85 | S |
| | Kumia-1 | 4100 | 粗玄岩 | 岩床 | ≤95 | S |
| N'Dgel Edgi | N'Dgel Edgi | 2776 | 变质岩、石英质云母片岩、千枚岩 | 基岩 | 泛非期 | |

注：R—放射性测年；S—由相关地层和产出模式推测。

### 二、寒武系—侏罗系浅变质岩基底

位于 Tenere 坳陷的 Fachi-1 井钻遇前侏罗系灰绿色含黏土、硅质、钙质的变质粉砂岩。在 Bilma 坳陷的 Fachi 镇附近有地质露头，前侏罗系岩性主要为浅变质的灰绿、绿灰色变余泥质粉砂岩和变余细粉砂岩，变质程度较低。Termit 盆地寒武系—侏罗系浅变质岩主要为 Hercynian 构造事件时热蚀变形成。Dilla Langrin-1 井和 Iaguil A-1 井钻遇热蚀变火成岩和变质岩，K/Ar 和 Rb/Sr 热重置年龄分别为 266Ma 和 190 ± 7Ma（表 3-1）。

### 三、下白垩统

下白垩统以陆相沉积为主，此时 Termit 盆地由一系列地堑、半地堑组成，在靠近边界断层一侧沉积厚度最大，最厚可达 5000m。沉积相由粗粒扇三角洲和水下扇过渡至细粒三角洲和湖相（图 3-1）。

### 四、上白垩统

上白垩统由海相 Donga 组、Yogou 组及陆相 Madama 组组成。该时期盆地以坳陷为主，古地形变化较小，上白垩统厚度变化不大。Donga 组下部主要发育砂岩，向上砂质含量减少，泥质含量增多，中上部为灰—黑色泥页岩与粉砂岩、细砂岩互层。Yogou 组以海相泥页岩为主，在顶部发育砂岩层，岩性以灰—黑色厚层泥页岩和薄层中—细粒砂岩为主，厚度介于 310～1700m 之间。Madama 组沉积广泛分布的厚层河流相砂岩，顶部夹少量泥质砂岩薄层（含煤线），Madama 组厚度介于 300～1500m 之间（图 3-1）。

### 五、古近系

古近系由 Sokor1 组、Lv 组泥岩及 Sokor2 组泥岩组成。Sokor1 组岩性为河流相、三角洲相及湖相砂泥岩，厚度为 335～910m；Lv 组泥岩为古近纪裂谷最大湖泛沉积，是一套稳定的、全区大部分区域可追踪的泥岩（Lai 等，2020），厚度 0～200m；Sokor2 组岩性主要为湖相泥岩，厚度介于 300～800m 之间（图 3-1）。

### 六、新近系

新近系以坳陷沉积为主，全盆地范围内均有分布，主要为河流相细—粗粒砂，成分以石英和长石为主，偶见杂色黏土，厚度 9～500m（图 3-1）。

### 七、第四系

第四系主要为黏土、粉砂岩、细砂岩及砾石层，表层为约 10m 厚的沙漠所覆盖（图 3-1）。

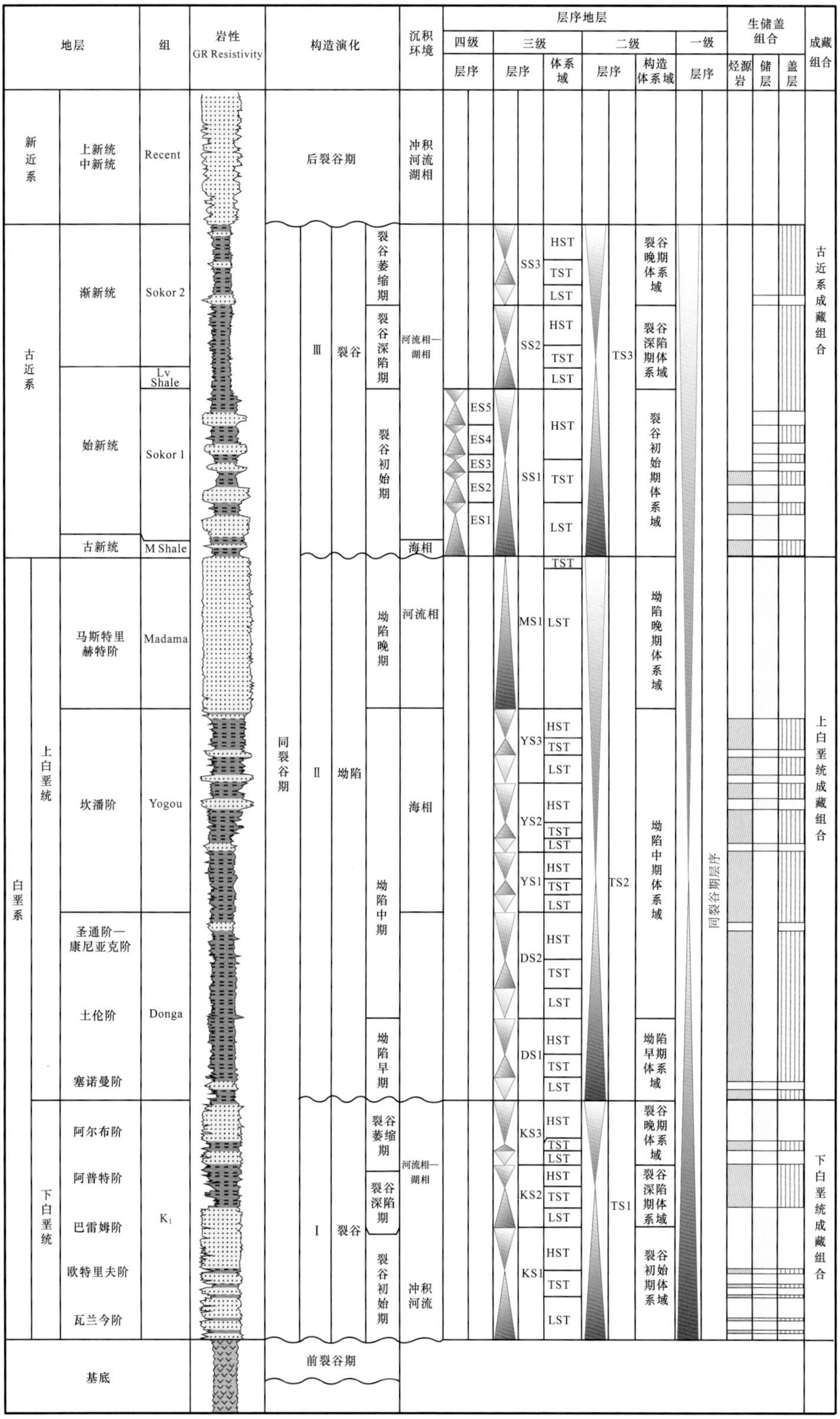

| 地层 | | 组 | 岩性 GR Resistivity | 构造演化 | | | 沉积环境 | 层序地层 | | | | | | | 生储盖组合 | | | 成藏组合 |
|---|---|---|---|---|---|---|---|---|---|---|---|---|---|---|---|---|---|
| | | | | | | | | 四级 层序 | 三级 层序 | 三级 体系域 | 二级 层序 | 二级 构造体系域 | 一级 层序 | 烃源岩 | 储层 | 盖层 | |
| 新近系 | 上新统 中新统 | Recent | | 后裂谷期 | | | 冲积 河流 湖相 | | | | | | | | | | | |
| 古近系 | 渐新统 | Sokor 2 | | | III | 裂谷 | 裂谷萎缩期 | | SS3 | HST TST LST | TS3 | 裂谷晚期体系域 | | | | | 古近系成藏组合 |
| | | | | | | | 裂谷深陷期 | | SS2 | HST TST LST | | 裂谷深陷期体系域 | | | | | |
| | | Lv Shale | | | | | | | | | | | | | | | |
| | 始新统 | Sokor 1 | | | | | 裂谷初始期 | ES5 ES4 ES3 ES2 ES1 | SS1 | HST TST LST | | 裂谷初始期体系域 | | | | | |
| | 古新统 | M Shale | | | | | 海相 | | TST | | | | | | | | |
| 白垩系 | 上白垩统 | 马斯特里赫特阶 | Madama | 同裂谷期 | II | 坳陷 | 坳陷晚期 | | MS1 | LST | | 坳陷晚期体系域 | | | | | 上白垩统成藏组合 |
| | | 坎潘阶 | Yogou | | | | 河流相 | | YS3 | HST TST LST | | 坳陷中期体系域 | | | | | |
| | | | | | | | 海相 | | YS2 | HST TST LST | TS2 | | | | | | |
| | | | | | | | 坳陷中期 | | YS1 | HST TST LST | | 坳陷中期体系域 | | | | | |
| | | 圣通阶— 康尼亚克阶 | | | | | | | DS2 | HST TST LST | | | | | | | |
| | | 土伦阶 | Donga | | | | 坳陷早期 | | DS1 | HST TST LST | | 坳陷早期体系域 | | | | | |
| | | 塞诺曼阶 | | | | | | | | | | | | | | | |
| | 下白垩统 | 阿尔布阶 阿普特阶 | K₁ | | I | 裂谷 | 裂谷萎缩期 | | KS3 | HST TST LST | | 裂谷晚期体系域 | | | | | 下白垩统成藏组合 |
| | | 巴雷姆阶 | | | | | 河流相— 湖相 | | KS2 | HST TST LST | TS1 | 裂谷深陷期体系域 | | | | | |
| | | 欧特里夫阶 瓦兰今阶 | | | | | 裂谷初始期 冲积 河流 | | KS1 | HST TST LST | | 裂谷初始期体系域 | | | | | |
| 基底 | | | | 前裂谷期 | | | | | | | | | | | | | |

图 3-1　Termit 盆地综合地层柱状图

## 第二节　层序格架与沉积体系

Termit 盆地早白垩世为裂谷作用下的陆相沉积阶段，沉积了厚层河流相—湖相地层，晚白垩世南大西洋和新特提斯洋海侵，沉积了广泛分布的海相地层，古近纪再次发生裂谷作用，沉积三角洲—湖相地层。从早白垩世—古近纪，该盆地经历了"裂谷—坳陷—裂谷"的构造演化及"陆相—海相—陆相"的沉积演化。通过岩心观察描述，结合地震、测井、录井分析以及分析化验资料的沉积学综合分析，Termit 盆地下白垩统—古近系可划分为 3 个二级层序及 12 个三级层序（图 3-1）。其中，二级层序 TS1、TS2、TS3 分别对应于同裂谷期下白垩统裂谷阶段、上白垩统坳陷阶段及古近系裂谷阶段的沉积地层（吕明胜等，2012）。

Termit 盆地在下白垩统发育的主要沉积体系类型有湖泊沉积体系、辫状河三角洲沉积体系；在上白垩统发育的主要沉积体系类型有浅海沉积体系、辫状河三角洲以及辫状河等；在古近系和新近系发育的主要沉积体系类型有湖泊沉积体系、辫状河沉积体系。

### 一、下白垩统层序格架与沉积相

#### （一）下白垩统层序界面特征

基于钻井及地震解释，Termit 盆地下白垩统可解释为 1 个二级层序，命名为 TS1。其顶底以构造不整合面为界，内部具有明显的"粗—细—粗"3 层结构。各层地震反射特征不同，沉积充填各异。结合裂谷作用演化分析，进一步将 TS1 层序划分为 3 个三级层序，分别为裂谷初始期层序（KS1）、裂谷深陷期层序（KS2）及裂谷萎缩期层序（KS3）（图 3-2）。

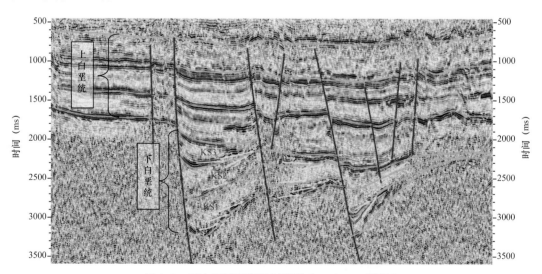

图 3-2　下白垩统层序地层特征（n77b-379 测线）

裂谷初始期层序 KS1 的底界面与二级层序 TS1 的底界面重合，为区域构造不整合面，区分下伏前裂谷期与上覆同裂谷期的沉积地层。地震上为强振幅连续反射，其上见有上超反射，测井曲线呈突变接触。界面之下见有基底变质岩，界面之上为河流相—湖相砂泥岩。该界面展布范围广，在全盆地范围内可追踪对比。KS1 层序顶界面为裂谷阶段内部的不整合面，地震为中等振幅连续反射，其上见有上超反射，局部可见削截特征。在盆地边缘为剥蚀面或间断面，测井响应突变，该界面是裂谷作用由弱到强的转化面，跨越此界面，沉积水体变深，地震反射特征各异，沉积体系发生变化。

裂谷深陷期层序 KS2 的顶界面为裂谷阶段内部的不整合面，是裂谷作用由强到弱的转化面。地震上为强振幅连续反射，其上见有上超和下超反射，局部可见削截特征。该界面在盆地边缘为剥蚀面，测井曲线突变。跨越此界面，沉积水体变浅，沉积物变粗。裂谷深陷期层序表现为明显的楔形结构。靠近陡坡带一侧具有杂乱地震反射特征，盆地内部为发散反射结构，缓坡带一侧可识别低角度下超现象。

裂谷萎缩期层序 KS3 的顶界面为区域构造不整合面，与二级层序 TS1 的顶界面重合，为构造作用形成的界面。该界面在盆地西侧边缘为剥蚀面，测井曲线突变接触，向盆地中心过渡为平行不整合面，地震为强振幅连续反射，测井响应为低幅漏斗形向钟形转变。跨越此界面，早白垩世裂谷作用终止，进入晚白垩世以坳陷作用为主的沉积阶段。

（二）下白垩统层序地层格架

下白垩统为盆地初始裂陷期产物，层序地层发育明显受断裂控制。在盆地北部，下白垩统层序主要发育在东西边界断裂之间，主要分布于 Soudana 隆起、Termit 西台地、Dinga 断阶、Dinga 凹陷及 Araga 地堑，呈双断结构特征。边界断裂之外，下白垩统层序沉积较薄或缺失，在 Termit 西台地 Dilia Langrin-1 井，钻井揭示仅发育 KS1 层序，缺失其上 KS2 及 KS3 层序，而在东斜坡的 Dibeilla 地区未发育下白垩统层序。盆地内部下白垩统层序呈多个地堑或半地堑展布特征，紧邻陡坡带的断裂一侧层序厚度较大（图 3-3）。

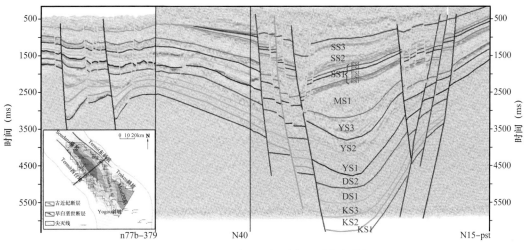

图 3-3　Termit 盆地北部层序地层发育特征

在盆地南部，由于盆地西侧断裂活动强于东侧，下白垩统层序主要发育在 Moul 凹陷、Fana 低凸起及 Trakes 斜坡，在 Yogou 斜坡，下白垩统层序缺失，总体呈"西断东超"的结构特征（图 3-4）。

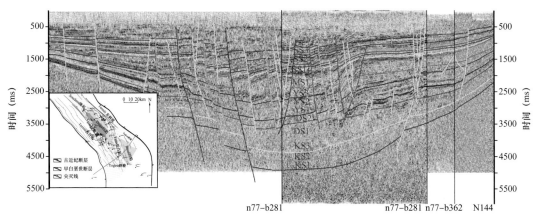

图 3-4　Termit 盆地南部层序地层发育特征

### （三）下白垩统沉积相及演化

#### 1. 沉积相类型

KS1 层序位于二级层序的底部，可容纳空间较小，物源供给充足，主要为河流、河道间、三角洲及滨浅湖沉积。受三级基准面旋回的控制，KS1 层序低位体系域主要发育河道沉积，湖侵体系域为河道间及滨浅湖沉积，泥岩较发育，高位体系域发育滨浅湖、河流及三角洲沉积。

裂谷深陷期层序 KS2 由于裂谷作用强烈，构造沉降量较大，陡坡带发育水下扇与滑塌扇沉积，缓坡带发育三角洲体系，盆地中心为湖相泥岩充填。KS2 层序断裂活动强烈，由构造运动引起的可容纳空间显著增大，其最大湖泛面与二级层序的最大湖泛面重合，为早白垩世最大湖泛阶段。由于可容纳空间增大，物源供给相对不足，相对于 KS1 层序，KS2 层序湖相泥岩广泛发育。

裂谷萎缩期层序 KS3 随着裂谷作用减弱，沉降速率逐渐减小，沉积物供给相对充足，陡坡带一侧发育扇三角洲体系，缓坡带一侧发育三角洲体系。KS3 层序断裂活动减弱，可容纳空间增加速率小于沉积物供给速率。相对于 KS2 层序，KS3 层序砂体较为发育。

#### 2. 沉积充填特征

由于断裂活动的控制，下白垩统主要呈多个地堑和半地堑沉积格局。根据钻井及地震相解释，下白垩统沉积相类型主要有河流相、三角洲、水下扇、扇三角洲及滨浅湖相等。其中河流相主要沉积于 KS1 层序，水下扇及三角洲沉积体系位于 KS2 及 KS3 层序，主要沿陡坡带大断裂分布，缓坡带发育三角洲体系，在盆地中心沉积滨浅湖泥岩（图 3-5）。

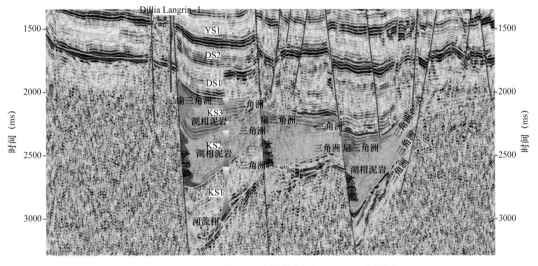

图 3-5 下白垩统沉积充填特征（n77b-379 测线）

裂谷初始期层序 KS1 位于二级基准面上升早期，可容纳空间较小，物源供给充足，为河流—三角洲沉积。随着二级基准面上升，在陡坡带及缓坡带为加积至退积型河流—三角洲体系，盆地中心为河流及河道间沉积。裂谷深陷期层序 KS2 位于二级基准面上升晚期及下降早期，可容纳空间较大，物源供给不足，泥岩广泛发育。在陡坡带一侧发育水下扇，缓坡带一侧发育三角洲。该层序由于断裂活动强烈，引起可容纳空间的增加速率较大，水下扇及三角洲规模较小，总体呈退积叠置样式。裂谷萎缩期层序 KS3 位于二级基准面下降晚期，物源供给充足，陡坡带一侧发育扇三角洲体系，缓坡带一侧发育三角洲体系，盆地中心沉积湖相泥岩。该层序由于可容纳空间减小，物源供给充足，沉积体系规模较大，总体呈加积至进积叠置样式。

**3. 沉积体系展布**

根据裂谷作用对沉积充填的控制原理，综合运用钻井资料及地震相分析手段，开展沉积体系研究，分析层序地层格架内的沉积相展布特征（图 3-6）。

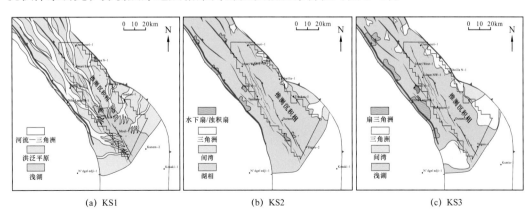

(a) KS1          (b) KS2          (c) KS3

图 3-6 下白垩统沉积体系展布

KS1 层序为裂谷初始期沉积。由于断裂活动相对较弱，盆地东西两侧地势较低，剥蚀量小，因而纵向物源比横向物源体系强。全区大面积发育河流沉积，在南部 Moul 凹陷浅湖区发育三角洲沉积体系。该层序位于二级基准面上升早期，可容纳空间小，物源供给充足，砂体较发育。

KS2 层序为裂谷深陷期沉积，断裂活动强烈，基准面上升速率较大，可容纳空间迅速增加，物源供给不足。该层序主要物源来自盆地东西两侧。在盆地西侧的 Termit 西台地、Dinga 断阶及 Yogou 斜坡，断层断距较大形成陡坡带，发育水下扇沉积，扇体沿断裂呈带状分布。在盆地东侧的 Araga 地堑及 Trakes 斜坡，断裂活动强度比西侧弱，为缓坡带及斜坡带沉积地貌环境，主要发育三角洲体系。总体而言，KS2 层序可容纳空间增加速率远远大于物源供给速率（$A/S \gg 1$），沉积体规模较小，展布局限。

KS3 层序位于二级层序的高位体系域，随着二级基准面下降，可容纳空间减小，物源供给相对充足，河流及三角洲沉积规模进一步增大。该层序为裂谷萎缩期沉积，断裂活动减弱，长轴方向及短轴方向物源均发育，主要以短轴方向物源为主。在 Termit 西台地及 Dinga 断阶的陡坡带一侧，发育扇三角洲，扇体沿断裂呈带状分布，缓坡带一侧发育小规模三角洲体系。Yogou 斜坡沉积扇三角洲体系，储层较为发育。Araga 地堑及 Trakes 斜坡主要发育三角洲体系。与 KS2 层序相比，KS3 层序可容纳空间减小，河流及三角洲体系表现为沉积回春作用，沉积规模增大，展布范围较广。

## 二、上白垩统层序格架与沉积相

### （一）上白垩统层序界面特征

受晚白垩世海侵影响，构造演化以热沉降为主，裂谷作用较弱，总体上为坳陷作用。综合钻井、测井及地震资料的解释，Termit 盆地上白垩统可解释为 1 个二级层序，命名为 TS2，其顶、底以构造不整合面为界。根据内部地层叠置样式及界面特征，可进一步划分为 6 个三级层序，分别为 DS1、DS2、YS1、YS2、YS3 及 MS1。其中 DS1 及 DS2 层序对应 Donga 组，YS1、YS2 及 YS3 层序对应 Yogou 组，MS1 层序对应 Madama 组（图 3-7）。

DS1 层序的底界面与二级层序 TS2 的底界面重合，为构造不整合面，区分下伏下白垩统裂谷阶段沉积地层与上白垩统坳陷阶段沉积地层。该界面在盆地东侧边缘可见下超反射特征（图 3-8）。DS1 层序的顶界面在盆地边缘可见上超反射，测井响应突变接触，向盆地方向该界面过渡为整合面（图 3-9）。

DS2 层序顶界面为 Donga 组与 Yogou 组的分界面，地震为强振幅连续反射，在盆地边缘可见上超及削截反射特征，测井响应突变接触（图 3-10）。该界面向盆地方向过渡为整合面，在全区可追踪对比。

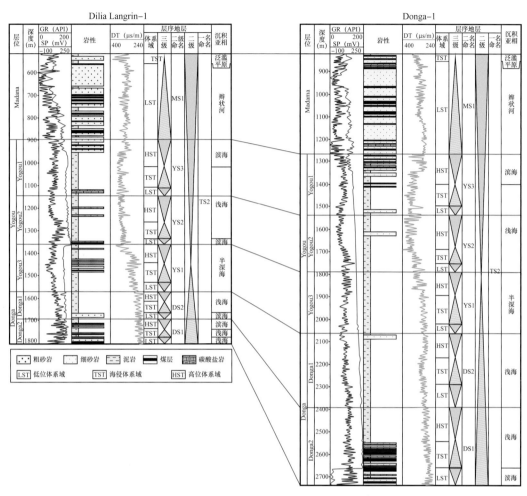

图 3-7 Dillia Langrin-1—Donga-1 井上白垩统层序地层对比

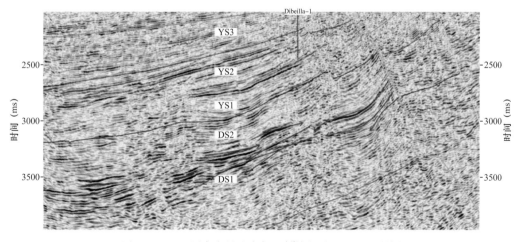

图 3-8 DS1 层序底界及内部反射特征（AD1014 测线）

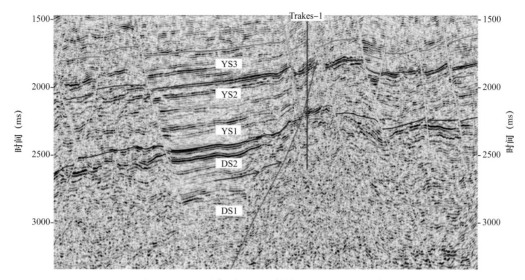

图 3-9　DS1 层序顶界面反射特征（AD0924 测线）

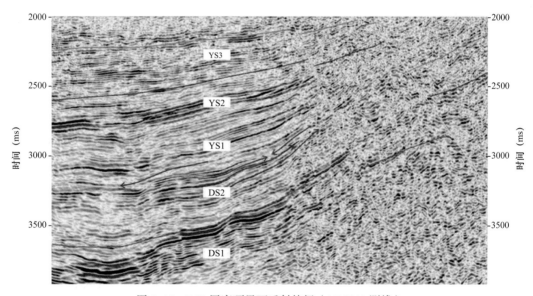

图 3-10　DS2 层序顶界面反射特征（AD1013 测线）

　　YS1 层序的顶界面在盆地边缘可见上超、下超及顶超反射，测井响应由高自然伽马值向低自然伽马值转变，界面之上为滨海砂泥岩，界面之下主要为浅海泥岩。该界面向盆地方向过渡为整合面，地震为强振幅连续反射（图 3-11）。YS1 层序的最大海泛面与二级层序 TS2 的最大海泛面一致。该层序可容纳空间显著增大，物源供给不足，沉积广泛分布的海相泥岩，地震为强振幅连续亚平行反射，测井为高自然伽马响应特征。

　　YS2 层序顶界面包含了盆地边缘的不整合面及盆地中心的整合面两部分。在盆地边缘可见上超、下超及顶超反射。测井响应由漏斗形向高幅齿化钟形突变。向盆地方向该界面过渡为整合面，地震为强振幅连续反射特征。

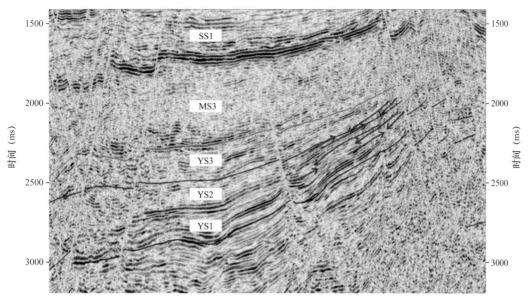

图 3-11　YS1 及 YS2 层序界面及内部反射特征（AD1019 测线）

由于 MS1 层序的辫状河沉积能量较强，YS3 层序顶界面为区域性河道冲刷不整合面。此界面在地震上为充填上超反射，测井响应为齿化漏斗形向箱形转变，岩性由砂泥岩互层向厚层块状砂岩转变（图 3-12）。

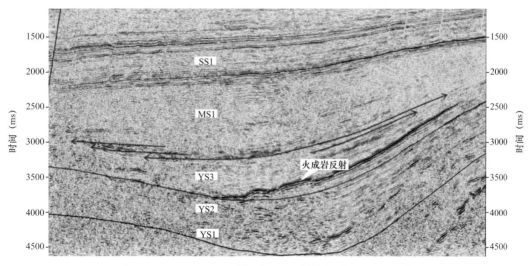

图 3-12　YS3 及 MS1 层序顶界面反射特征（86ng739 测线）

MS1 层序顶界面为构造作用形成的不整合面，区分下伏坳陷阶段沉积地层与上覆裂谷阶段沉积地层。MS1 层序沉积时期，海水已完全退出西非裂谷系，辫状河水系发育，沉积大范围厚层块状砂岩。由于海平面迅速下降，盆地东西两侧位于沉积基准面之上，发生剥蚀或过路不沉积作用，形成不整合面。该界面向盆地中心转变为平行不整合面，地震上为强振幅连续反射特征（图 3-12）。

（二）上白垩统层序地层格架

上白垩统为坳陷作用阶段沉积，断裂活动对层序地层发育的控制较弱，沉积分布广泛的海相 DS1 层序、DS2 层序、YS1 层序、YS2 层序、YS3 层序及陆相 MS1 层序。由于发生大范围海侵，上白垩统层序发育较为稳定，沉积面积远大于下白垩统裂谷阶段的沉积范围，层序最大厚度位于 Dinga 凹陷及 Moul 凹陷，层序厚度向盆地东西两侧逐渐减薄。

（三）上白垩统沉积相及演化

1. 沉积相类型

DS1 层序在盆地边缘可识别前积及下超反射特征，向盆地方向过渡为连续亚平行反射，结合钻井解释为三角洲—滨浅海沉积，盆地中心为泥岩充填。DS1 层序位于二级层序的低位体系域，可容纳空间较小，物源供给相对充足，砂体较为发育（图 3-13）。

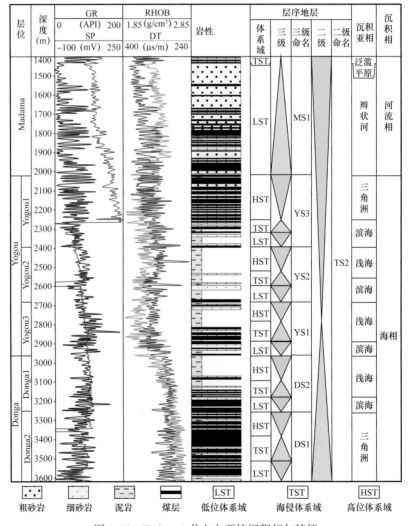

图 3-13  Trakes-1 井上白垩统沉积相与特征

DS2 层序位于二级层序的海侵体系域，可容纳空间较大，物源供给相对不足。相对于 DS1 层序，DS2 层序沉积相带向陆地一侧迁移，浅海相泥岩较为发育，砂体沉积面积减小。受三级基准面变化的控制，DS2 层序滨海相砂岩主要沉积于低位体系域，海侵体系域及高位体系域主要沉积浅海相泥岩。

YS1 层序的最大海泛面与二级层序的最大海泛面一致。该层序可容纳空间显著增大，物源供给不足，沉积广泛分布的海相泥岩，地震为强振幅连续亚平行反射，测井为高自然伽马响应特征。根据准层序叠置样式，YS1 层序可进一步划分为低位体系域、海侵体系域及高位体系域。低位体系域主要为滨海—三角洲沉积，海侵体系域及高位体系域主要沉积浅海泥岩。

YS2 层序位于二级层序 TS2 高位体系域的下部，随着二级基准面下降，可容纳空间逐渐减少。相对 YS1 层序，YS2 层序物源供给相对充足，沉积相带逐渐向盆地方向迁移，滨海砂岩沉积范围较广。

YS3 层序处于二级层序高位体系域的中部，随着二级基准面逐渐下降，可容纳空间减小，物源供给充足，发育三角洲—滨海沉积。同时受三级基准面变化的控制，YS3 层序低位体系域及海侵体系域主要沉积滨海砂泥岩，高位体系域以三角洲沉积为主。相对于 YS2 层序，YS3 层序沉积相带进一步向盆地中心迁移，砂体较发育，可形成良好的储层。

MS1 层序处于二级层序高位体系域的上部。随着二级基准面急剧下降，Termit 盆地完全处于陆相沉积环境，可容纳空间显著减小，物源供给十分充足，主要以沉积低位体系域厚层河道砂岩为主，局部夹有薄层洪泛泥岩或煤层。MS1 层序砂岩分布广泛，可构成良好的输导体系。该套砂岩在地震上表现为弱振幅空白反射，测井响应为箱状结构。

2. 沉积充填特征

Termit 盆地上白垩统为坳陷作用海相沉积。根据钻井及地震解释，上白垩统沉积相类型主要为河流、三角洲、滨海、浅海、半深海及浊积扇。

DS1 层序位于二级基准面上升早期，可容纳空间较小，物源供给相对充足，发育三角洲—滨海—浅海沉积，低位体系域发育浊积扇。随着二级基准面上升，DS2 层序可容纳空间增加，滨海仅在盆地两侧分布，浅海沉积广泛。至 YS1 层序可容空间增加至最大，为滨海—浅海—半深海沉积，总体呈退积叠置样式。随着二级基准面下降，YS2 层序可容纳空间减小，发育滨海—浅海沉积。YS3 层序可容纳空间进一步减小，发育三角洲—滨海沉积，低位体系域发育浊积扇沉积，总体呈现进积叠置样式。至 MS1 层序，基准面进一步下降，过渡为陆相沉积，物源供给充足，沉积低位体系域厚层河道砂岩，为加积叠置样式。

3. 沉积体系展布

Termit 盆地晚白垩世发生大规模海侵，沉积厚层海相地层，至 MS1 层序过渡为陆相沉积。受二级基准面变化的控制，DS1 层序砂岩沉积较多，向上至 DS2 层序，砂岩逐渐减少，泥页岩逐渐增多。YS1 层序、YS2 层序、YS3 层序总体上以泥页岩为主，仅在

YS3 层序上部发育砂岩层，岩性以灰色、暗色泥岩夹灰色、暗色页岩和薄层细—中粒砂岩为主，为三角洲—滨浅海—半深海沉积环境。MS1 层序沉积厚层砂岩，顶部夹有少量泥岩及煤线，主体为辫状河沉积，局部为泛滥平原沉积（图 3-14）。

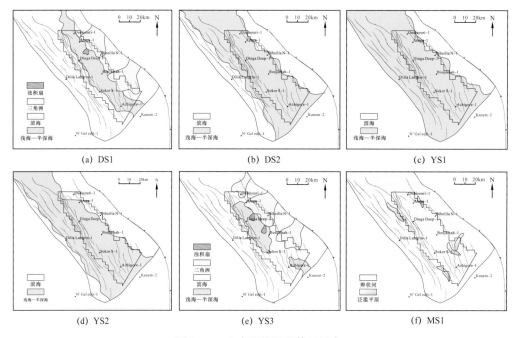

图 3-14  上白垩统沉积体系展布

DS1 层序沉积时期主要为坳陷作用阶段，断裂不发育，来自盆地东西两侧的物源体系受断裂控制较弱，地层展布相对稳定。该层序处于二级基准面上升早期，砂岩较发育，为滨海—三角洲沉积。平面上，滨海沉积物主要沿盆地东西两侧的 Termit 西台地、Yogou 斜坡、Dinga 凹陷、Araga 地堑、Trakes 斜坡及 Termit 东斜坡分布，盆地中心为浅海—半深海沉积。由于东部地势高，遭受强烈剥蚀，物源供给较西侧充足，发育三角洲沉积体系，主要分布在 Trakes-1 井和 Madama-1 井区域。其中位于 Madama-1 井区域的三角洲体系因早白垩世裂谷作用形成的高地势差而产生滑塌，形成较小规模的浊积扇体。

随着二级基准面上升，DS2 层序沉积相带向陆地方向迁移，浅海—半深海沉积面积扩大，三角洲体系不发育。滨海沉积物仅分布在 Termit 西台地西侧、Yogou 斜坡西侧、Termit 东斜坡及 Trakes 斜坡东侧。其余构造单元均处于浅海—半深海沉积环境。

YS1 层序持续坳陷作用，地层展布稳定。该层序为晚白垩世最大海泛时期沉积，可容纳空间显著增大，浅海—半深海沉积面积进一步扩大。滨海沉积物仅分布在 Termit 东斜坡及 Trakes 斜坡东侧。

随着二级基准面下降，沉积体系向盆地方向迁移。相对于 YS1 层序，YS2 层序浅海—半深海沉积面积减小，滨海沉积面积扩大，三角洲体系仍不发育。在盆地西侧，滨海相呈窄条形带状分布，向盆地方向延伸至 Dilia Langrin-1 井。在盆地东侧，滨海沉积向盆地方向延伸至 Soudana 隆起带。

YS3 层序沉积时期，基准面进一步下降，可容纳空间减小，沉积相带进一步向盆地方向迁移，砂岩含量增加。滨海沉积面积增大，浅海—半深海沉积面积减小，主要位于 Dinga 凹陷及 Moul 凹陷。该层序沉积物供给相对充足，在盆地东侧发育三支规模较大的三角洲体系，主要分布在 Trakes-1 井、Madama-1 井及 Ounissoui-1 井区域。其中位于 Madama-1 井区域的三角洲体系产生滑塌，形成小规模的浊积扇体。

MS1 层序处于二级基准面下降晚期，过渡为陆相沉积环境，可容纳空间显著减小，物源供给充足，沉积厚层块状辫状河砂岩，局部地区夹有洪泛平原沉积的薄层泥岩或煤线。

## 三、古近系层序格架与沉积相

### （一）古近系层序界面特征

根据钻井、测井及地震解释，Termit 盆地古近系可划分为 1 个二级层序，命名为 TS3。TS3 层序顶底以构造不整合面为界，内部具有明显的三层结构，表现"粗—细—粗"的完整旋回。结合裂谷作用演化分析，进一步将 TS3 层序划分为裂谷初始期层序（SS1）、裂谷深陷期层序（SS2）及裂谷萎缩期层序（SS3）。其中 SS1 层序位于 Sokor1 组，SS2 层序位于 Lv Shale 组及 Sokor2 组下部，SS3 层序位于 Sokor2 组上部（图 3-15）。

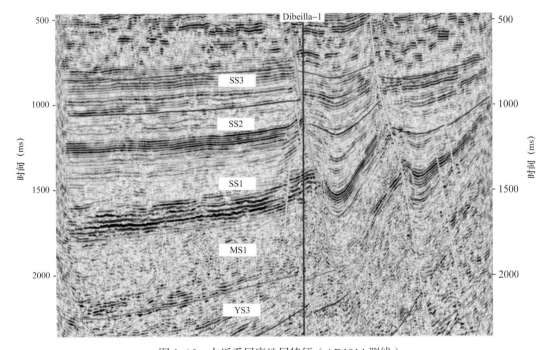

图 3-15　古近系层序地层特征（AD1014 测线）

　　裂谷初始期层序 SS1 的底界面与二级层序 TS3 的底界面重合，为构造作用形成的不整合面，区分下伏坳陷期与上覆裂谷期的沉积地层。此界面之下为厚层辫状河砂岩，界面之上为三角洲—滨浅湖砂泥岩地层。SS1 层序顶界面为裂谷阶段内部的不整合面，地震为中等振幅连续反射特征，其上可见上超反射，测井声波时差突变响应。SS1 层序顶界面是裂谷作用由弱到强的转化面。跨越此界面，沉积水体变深，沉积体系由三角洲—滨浅湖向浅湖—半深湖转变，地震反射特征由中等振幅低频较连续反射向强振幅高频连续反射转变（图 3-16）。

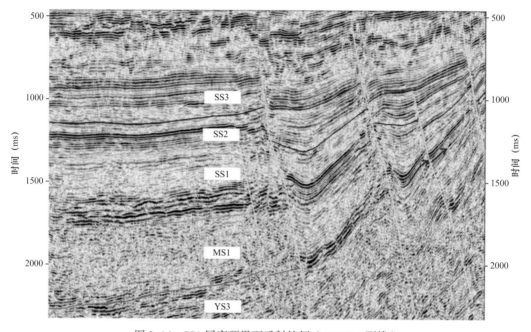

图 3-16　SS1 层序顶界面反射特征（AD1012 测线）

　　根据钻井、测井、地震及岩心解释，在 SS1 层序内，发育多期小型河道冲刷不整合面。界面特征在测井、地震及岩心上响应明显。河道冲刷不整合面以测井曲线突变为特征，岩心上可见岩性突变以及因河道冲刷作用而形成的泥砾，地震上为中等振幅较连续反射。这些界面区分了上下不同的地层组合，将 SS1 层序自下而上划分为 5 个四级层序，分别为 ES1、ES2、ES3、ES4、ES5（图 3-17）。

　　裂谷深陷期层序 SS2 的顶界面为裂谷阶段内部的不整合面，是裂谷作用由强到弱的转化面。地震上表现为中等振幅连续反射，其上见有上超反射。跨越此界面，沉积水体变浅，沉积物变粗。

　　裂谷萎缩期层序 SS3 的顶界面为区域构造不整合面，与二级层序 TS1 的顶界面重合，为构造作用形成的界面。该界面在盆地西侧为剥蚀面，向盆地中心过渡为河道冲刷不整合面，地震上为强振幅连续反射，测井响应突变接触。跨越此界面，古近纪裂谷作用终止，进入新近纪以坳陷作用为主的沉积阶段。

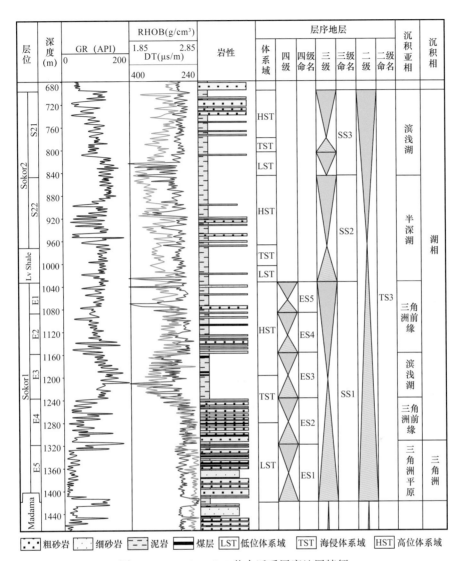

图 3-17　Ounissoui-1 井古近系层序地层特征

## （二）古近系层序地层格架

古近纪再次发生裂谷作用，发育两类断裂，一类是继承性断裂，另一类为新生断裂。断裂活动控制层序地层的发育。在盆地北部，主要分布在 Soudana 隆起、Dinga 断阶、Dinga 凹陷、Araga 地堑及 Termit 东斜坡。在 Termit 西台地，古近系层序缺失。由于古近系两类断裂倾向相反，形成地堑，可沉积厚层层序，因而在 Dinga 断阶靠近 Dinga 凹陷一侧以及 Araga 地堑古近系层序发育相对较厚。

在 Soudana 隆起带，由于古近纪末期的构造挤压发生隆起，致使 SS3 层序位于基准面之上，遭受剥蚀。在隆起带的两侧，构造隆升幅度小，古近系层序保存较为完整。

在盆地南部，古近纪断裂活动弱，断裂活动对层序发育的控制相对较弱，层序厚度变化主要受沉积地貌控制。最大层序厚度位于 Moul 凹陷，并向 Yogou 斜坡、Trakes 斜坡及 Fana 低凸起逐渐减薄。

### （三）古近系沉积相及演化

#### 1. 沉积相类型

钻井揭示 SS1 层序岩性以砂泥岩互层为主，为湖相—三角洲沉积。该层序古生物含有陆生孢粉、淡水介形虫、淡水藻类及零星指示湖泊环境的鱼化石。岩心观测可识别三角洲前缘分流河道、河口坝、分流间湾、天然堤及湖相泥等沉积微相（图 3-18）。

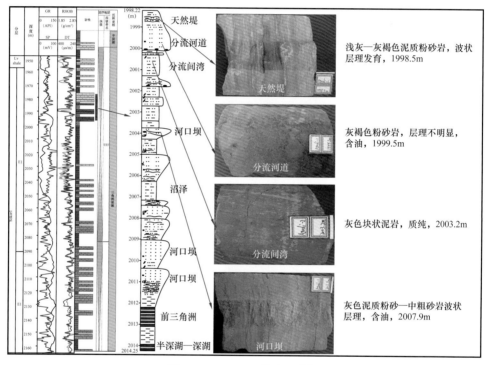

图 3-18　Agadi-2 井岩心微相

裂谷初始期层序 SS1 层序位于二级层序低位体系域的下部，属于二级基准面上升早期，可容纳空间较小，物源供给充足，主要为河流、河道间、三角洲及滨浅湖沉积。受三级基准面旋回控制，SS1 层序低位体系域主要为三角洲平原河道及河道间沉积，在地震剖面上可识别河道下切充填反射，湖侵体系域主要为滨浅湖及河道间沉积，泥岩较为发育，高位体系域主要为三角洲前缘及滨浅湖沉积（图 3-19）。

SS1 层序可进一步划分为 5 个四级层序，自下而上为 ES1（E5）、ES2（E4）、ES3（E3）、ES4（E2）、ES5（E1）。随着三级基准面上升，从 ES1 层序至 ES3 层序为湖侵体系域，呈退积地层叠置样式，沉积相由三角洲平原向滨浅湖转变，泥岩含量逐渐增加。随着三级基准面下降，从 ES3 层序高位体系域至 ES5 层序，呈进积地层叠置样式，沉积相由滨浅湖向三角洲前缘转变，砂岩含量逐渐增加。

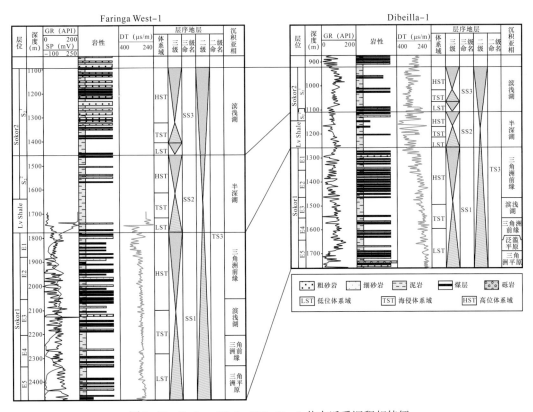

图 3-19　Faringa W-1—Dibeilla-1 井古近系沉积相特征

　　裂谷深陷期层序 SS2 表现为明显的楔形结构。靠近陡坡带一侧具有杂乱地震反射特征，内部为强振幅连续反射，呈发散结构，缓坡带一侧可识别低角度下超现象。SS2 层序断裂活动强烈，构造沉降量较大，陡坡带一侧发育水下扇与滑塌扇沉积，缓坡带一侧发育三角洲体系，盆地中心为湖相泥岩充填。SS2 层序可容纳空间显著增大，其最大湖泛面与二级层序的最大湖泛面一致，为古近纪最大湖泛时期，物源供给相对不足。相对于 SS1 层序，SS2 层序沉积相带向陆地一侧迁移，砂体沉积较少，湖相泥岩广泛发育。

　　裂谷深陷期层序 SS3 内部主要为中等振幅连续平行反射，向缓坡方向上超。随着裂谷作用减弱，可容纳空间的增加速率减小，物源供给相对充足，在陡坡带及缓坡带一侧发育三角洲体系，湖盆中心为泥岩充填。相对于 SS2 层序，SS3 层序断裂活动减弱，可容纳空间增加速率与物源供给速率的比值（A/S）减小，砂体相对发育。

　　2. 沉积充填特征

　　根据岩心、钻井及地震资料解释，古近系沉积相类型包括三角洲平原、三角洲前缘、滨浅湖、半深湖及浊积扇体系。其中，裂谷初始期层序 SS1 沉积三角洲平原河道砂体、三角洲前缘砂体及滨浅湖泥岩，裂谷深陷期层序 SS2 主要为半深湖及浊积扇沉积，裂谷萎缩期层序 SS3 发育三角洲前缘及滨浅湖沉积体系（图 3-20）。

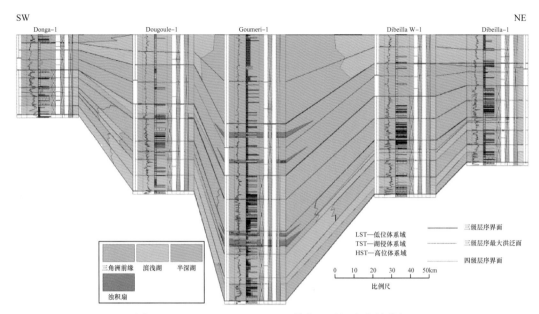

图 3-20　Donga-1—Dibeilla-1 井古近系沉积充填特征

SS1 层序处于二级基准面上升早期，可容纳空间较小，主要为三角洲—滨浅湖沉积，沉积旋回总体向上变细。受三级基准面旋回控制，SS1 层序内部相分异明显，从 ES1 至 ES3 层序湖侵体系域，为退积沉积充填样式，从 ES3 层序高位体系域至 ES5 层序，为进积沉积充填样式。SS2 层序位于二级基准面上升晚期及下降早期，可容纳空间较大，物源供给不足，主要为半深湖沉积，在陡坡带发育浊积体，盆地边缘发育三角洲体系及滨浅湖体系，但规模较小，展布较局限。

SS3 层序位于二级基准面下降晚期，可容纳空间减小，物源供给相对充足，发育三角洲—滨浅湖沉积，盆地中心为半深湖沉积。

**3. 沉积体系展布**

古近系为 Termit 盆地的主力勘探层系。其储层位于二级基准面上升早期的 SS1 层序及下降晚期的 SS3 层序上部，但是由于 SS2 层序泥岩与 SS3 层序中下部泥岩的垂向封挡作用，油气较难运移至 SS3 层序上部储层中，因而油气主要富集于 SS1 层序（图 3-21、图 3-22）。

ES1 层序处于裂谷初始期早期，断裂活动引起地势差小，盆地东西两侧剥蚀量小，因而横向物源少，纵向物源较为充足。规模较大的纵向物源三角洲发育在 Soudana 隆起，横向物源三角洲发育在 Termit 西台地、Yogou 斜坡、Araga 地堑及 Trakes 斜坡。纵向及横向物源三角洲延伸较远。Araga 地堑三角洲向湖盆延伸至 Admer-1—Dibeilla W-1—Boujamah-1 井区域，Yogou 斜坡三角洲向湖盆方向延伸至 Moul-1 井及 Yogou-1 井区域，Termit 西台地三角洲展布范围较小。湖盆中心浅湖沉积范围较小。

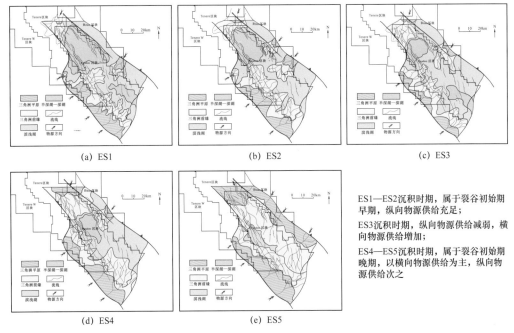

ES1—ES2沉积时期，属于裂谷初始期早期，纵向物源供给充足；

ES3沉积时期，纵向物源供给减弱，横向物源供给增加；

ES4—ES5沉积时期，属于裂谷初始期晚期，以横向物源供给为主，纵向物源供给次之

图 3-21　Termit 盆地 Sokor1 层序沉积体系展布

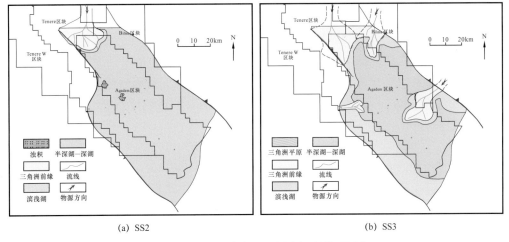

图 3-22　SS2 层序与 SS3 层序沉积体系展布

　　ES2 层序总体上继承 ES1 层序的沉积格局。随着裂谷作用逐渐增强，沉积基准面上升，纵向物源沉积逐渐减弱，Soudana 隆起三角洲规模减小，向陆地一侧退积。裂谷作用引起盆地东西两侧地势差逐渐加大，剥蚀量增加，致使横向物源沉积加强，Termit 西台地三角洲向湖盆方向延伸至 Donga-1 井区域，Yogou 斜坡三角洲进一步向湖盆方向步进至 Achigore-1 井区域。相对于 ES1 层序，ES2 层序浅湖沉积范围增大。

　　ES3 层序沉积时期为 SS1 层序内部最大湖泛时期，纵向物源沉积进一步萎缩，主要为横向物源三角洲沉积，纵向物源三角洲仅分布在 Soudana 隆起西侧。由于断裂活动逐

渐加剧，横向物源沉积进一步增强，Termit 西台地三角洲向湖盆方向延伸至 Dinga 断阶，并在深湖区发育小规模浊积扇。Araga 地堑及 Trakes 斜坡发育三角洲体系，Yogou 斜坡三角洲延伸至 Moul-1 井区域。由于 ES3 层序位于三级基准面上升晚期，可容纳空间增加，浅湖沉积范围较大。

ES4 层序沉积时期断裂活动继续增强，盆地东西两侧地势差逐渐加大，致使横向物源沉积加强，纵向物源沉积进一步减弱。随着三级基准面下降，三角洲向湖盆方向迁移。Termit 西台地三角洲向湖盆方向延伸至 Agadi-1—Gani E-1—Arianga-1 井区域，Yogou 斜坡三角洲向湖盆中心延伸至 Achigore-1 井区域，Trakes 斜坡三角洲向湖盆中心延伸至 Boujamah-1 井区域。与 ES3 层序相比，ES4 层序浅湖沉积范围缩小。

ES5 层序处于三级基准面下降晚期，物源供给相对充足，主要以横向物源供给为主，纵向物源供给次之。Termit 西台地三角洲向湖盆方向延伸至 Goumeri-1 井区域，Trakes 斜坡三角洲向湖盆方向延伸至 Sokor-1 井区域，Yogou 斜坡三角洲向湖盆方向延伸至 Yogou-1 井区域，Soudana 隆起三角洲体系分布较为局限。相对于 ES4 层序，由于三级基准面进一步下降，ES5 层序浅湖沉积范围进一步缩小。该层序沉积时期，断裂活动相对较强，由裂谷作用引起的构造格局控制沉积体系分布。

SS2 层序沉积时期为裂谷深陷期，是古近纪最大洪泛时期，可容纳空间较大，物源供给不足，以沉积湖相泥岩为主，盆地边缘沉积小规模三角洲体系，主要分布在 Soudana 隆起。在 Dinga 断阶靠近 Dinga 凹陷一侧的大断裂处发育浊积扇，规模较小，分布局限。该层序广泛分布的泥岩可作为区域性盖层。

SS3 为裂谷萎缩期沉积，随着二级基准面下降，可容纳空间有所减少，沉积相带逐渐向盆地方向迁移。该层序下部沉积湖相泥岩，上部发育三角洲砂体。平面上，三角洲体系主要发育在 Soudana 隆起及 Trakes 斜坡。总体而言，该层序下部沉积的泥岩较厚，砂地比较低。

# 第三节　储层特征

Termit 盆地在早白垩纪裂谷期、晚白垩纪坳陷期及古近纪裂谷期均发育储层。结合层序地层分析，下白垩统储层主要位于裂谷初始期层序（KS1）及裂谷晚期层序（KS3），上白垩统储层主要位于 Donga1 层序、Yogou3 层序及 Madama 层序，古近系储层主要为 Sokor1 层序及 Sokor2 层序上部。目前勘探主力储集层段为古近系 Sokor1 层序以及上白垩统 Yogou 层序河流—三角洲砂岩。上节已详细介绍了 Termit 盆地的层序地层格架和沉积时空演化，明确了储层的宏观展布特征，本节主要介绍主力产层 Sokor1 组以及 Yogou 组的微观储层特征。

## 一、古近系 Sokor1 组储层岩石学特征

岩石学特征研究主要从岩石类型、碎屑岩成分成熟度、结构成熟度等方面进行阐

述，从而为该区储层综合评价提供有力的依据。

## （一）岩石类型及特征

通过对岩石类型的统计分析认为研究区范围内主要发育的岩石类型较为单一，主要为石英砂岩（图 3-23），以不等粒石英砂岩、细粒石英砂岩为主，其次为粉粒及中粒石英砂岩，此外含有少量特殊岩石类型。

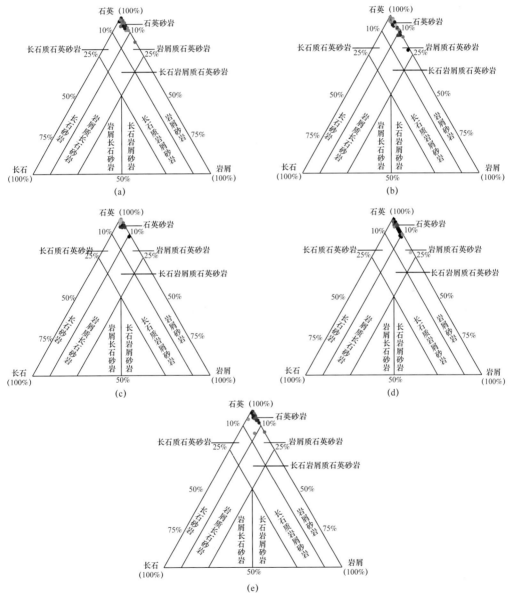

图 3-23 Termit 盆地古近系 Sokor1 组各砂组岩石类型三角图

a—E1 砂层组岩石类型三角图；b—E2 砂层组岩石类型三角图；c—E3 砂层组岩石类型三角图；
d—E4 砂层组岩石类型三角图；e—E5 砂层组岩石类型三角图

## （二）碎屑组分特征

碎屑组分主要为石英、长石、岩屑，其中以石英为主，成分成熟度高，石英含量在 90% 以上，偶见少量长石，岩屑类型单一，为变质岩（以石英岩为主）岩屑。

## （三）填隙物特征

### 1. 杂基

杂基组分主要为粒间黏土矿物，针对黏土矿物类型进行了黏土 X 衍射和扫描电镜分析，对其成分及形态取得了一定的认识，结合扫描电镜分析认为，黏土矿物在岩石组分中不只作为杂基出现（图 3-24），部分以胶结物的形式存在。

(a) 粒间杂基，Dinga Deep-1井，3104.5m，E5　　(b) 粒间杂基，Madama NW-1井，1602m，E5

图 3-24　扫描电镜下粒间杂基

### 2. 胶结物

#### 1）硅质胶结物

硅质胶结物是研究区储层较为常见的胶结物类型，主要以石英次生加大边和粒间自生石英晶粒的形式出现，在偏光显微镜及扫描电镜中均看到石英次生加大现象（图 3-25）。

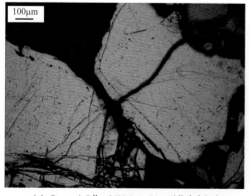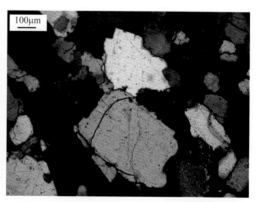

(a) Goumeri-2井，2622.8m，E2，石英次生加大　　(b) Goumeri-3井，2533m，E2，石英次生加大

图 3-25　石英次生加大偏光镜下特征

2）碳酸盐胶结物

碳酸盐胶结物是研究区另一较为常见的胶结物类型，以方解石胶结物为主。方解石胶结物一般零星状分布（图3-26），镜下少见连片的嵌晶胶结现象。

(a) Dibeilla-1井，1315m，E2，方解石胶结　　　(b) Karam NW-1井，1730m，E2，方解石胶结

图3-26　方解石胶结物偏光显微镜下特征

3）黏土矿物胶结物

黏土矿物胶结物主要为高岭石、绿泥石以及伊利石、伊/蒙混层。其中以高岭石为主，高岭石一般由长石溶蚀形成，其晶粒粗大，保留了较多的晶间孔（图3-27）。

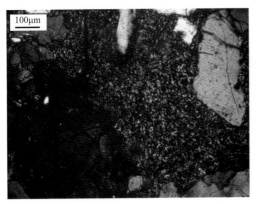

(a) Goumeri-2井，2793.5m，E3，高岭石胶结　　　(b) Goumeri-2井，2619.5m，E2，高岭石胶结

图3-27　高岭石胶结物偏光显微镜下特征

（四）结构特征

研究区储层总体结构成熟度低，主要为细粒结构，其次为不等粒结构、粉粒结构以及中粒结构，分选中—差，多呈次棱角—次圆状，颗粒支撑，以点接触为主，孔隙式胶结，风化蚀变程度浅。

1.颗粒大小及分选

颗粒以细粒结构为主，含较多的不等粒结构、含砾不等粒结构以及粉粒、中粒结构，含少量粗粒结构。

2. 接触关系及胶结类型

储层颗粒以点接触、点—线接触为主，局部可见线接触—缝合接触，胶结类型以孔隙胶结为主，少量接触胶结。

3. 磨圆度

颗粒磨圆度主要为次棱角—次圆状，部分棱角状，北部 Ounissoui-1 井磨圆度较好，以次圆状为主。

通过以上储层岩石学特征分析得到以下认识：储层岩石类型为石英砂岩，其成分成熟度非常高，石英含量占岩石组分的 80% 以上，长石含量占岩石组分的 2% 左右。填隙物主要为黏土杂基，其含量占岩石组分在 10% 左右，其中黏土矿物的主要类型为高岭石，其含量占黏土矿物的 80% 左右，其次为绿泥石，其含量一般占黏土矿物的 20% 左右。填隙物中另一组分胶结物以硅质胶结和碳酸盐胶结为主，硅质胶结表现为石英加大，加大级别和含量都不高，加大级别一般 Ⅰ～Ⅱ 级。碳酸盐胶结主要为方解石胶结物，一般零星分布。储层岩石结构成熟度低，分选中等—差，以细粒结构和不等粒结构为主。颗粒接触方式以点接触为主，胶结类型一般为孔隙式胶结，磨圆度次棱角—次圆状。

## 二、古近系 Sokor1 组成岩作用

砂岩的成岩作用是指沉积物沉积后至岩石固结，在深埋环境下直到变质作用之前所发生的物理、化学的变化，以及埋藏后岩石又被抬升至地表或接近地表的环境中所发生的一切物理、化学变化。所有这些作用、变化都是在埋藏条件下进行，故也称埋藏成岩作用。成岩作用在沉积岩形成发育演化过程中占有特别重要的位置，其对储层性质也产生着重要的影响，通过普通薄片、铸体薄片的镜下观察及扫描电镜、阴极发光、X 衍射等资料的研究，对 Termit 盆地储层有重要影响的成岩作用主要有 4 种，分别是压实作用、胶结作用、交代作用和溶蚀作用。其中压实作用以机械压实为主，化学压实（即压溶）较少。胶结作用主要有碳酸盐胶结、石英次生加大胶结、黏土矿物胶结如高岭石、伊利石、绿泥石等胶结。溶蚀作用主要有长石颗粒、石英颗粒的溶蚀和黏土基质的溶蚀。此外，碎屑岩储层还经历了交代作用和重结晶作用，各储层的物性特征就是这些成岩作用共同改造的结果。

### （一）成岩作用类型

1. 压实作用

根据 Termit 盆地 500 余块样品点的岩石组分统计表明，该区砂岩刚性碎屑成分（石英、变质岩岩屑）含量相对较高，碎屑颗粒粒度中等偏细，分选较差，机械压实作用对原生孔隙产生一定的破坏作用，主要的压实现象有：

（1）颗粒发生压实定向：常见于杂基支撑的粉砂岩、粉细砂岩中，由于埋深增加，

地层压力增大，使碎屑颗粒近定向排列；

（2）塑性颗粒压实变形：主要是云母受压弯曲、伸长或被硬碎屑嵌入。砂屑经压实可以压断、挤碎，甚至可以变成假杂基；

（3）碎屑颗粒接触关系发生变化：随埋藏深度增加，颗粒接触关系渐趋紧密，碎屑颗粒由彼此分离到相互靠近，出现由点接触到线接触再到凹凸接触。

因机械压实作用损失的孔隙度是不可逆的，因此，机械压实作用是一种破坏性的成岩作用，压实作用的宏观影响表现为随埋深增加，砂岩物性变差，它是研究区储层储渗性能下降的主要因素。

2. 胶结作用

胶结作用是碎屑岩中主要的成岩作用之一，指矿物质（胶结物）从孔隙溶液中沉淀出，将松散的沉积物固结起来的作用。该成岩作用是沉积物转变成沉积岩的重要作用，也是沉积层中孔隙度和渗透率降低的主要原因之一，属于一种破坏性的成岩作用，可发生在成岩作用的各个时期。根据胶结物不同，Termit盆地碎屑岩中出现的胶结作用主要有碳酸盐胶结、硅质胶结、黏土矿物胶结。

1）碳酸盐胶结作用

本区碎屑岩中碳酸盐矿物胶结作用较常见，出现的类型主要为方解石胶结，胶结程度较浅，未见铁方解石以及铁白云石胶结物。方解石胶结物一般零星出现，在层位上E1方解石胶结物出现的频率最高，并且平均含量最高。

2）硅质胶结作用

硅质胶结作用表现为石英次生加大和粒间新生成的微粒自形石英两种。据薄片观察，该区硅质胶结作用较弱，个别薄片中硅质胶结比较发育，但加大边往往窄而不连续，加大边宽度小于10μm，总量在0.5%～5%之间，平均为1.5%，石英加大程度为Ⅰ～Ⅱ级。在杂基含量较高的砂岩样品中，石英胶结不发育，且随着深度增加，石英次生加大程度逐渐增强。

石英次生加大边的形成是由溶解于地层水中的硅质以碎屑表面为共同的基底生长、连接形成的，这种特殊的生长方式导致石英次生加大边与碎屑石英光性方位一致。在薄片观察中可看到石英次生加大表现为具有一个与原石英颗粒光性一致的加大边，两者的界限一般可借助于原石英颗粒边缘的杂质（黏土或氧化铁，黏土薄膜较常见）来确定（图3-28）。

3）黏土胶结作用

砂岩储层中的黏土矿物非常发育。广泛分布有高岭石、绿泥石、伊利石、伊/蒙混层矿物。其中高岭石为主要黏土矿物类型，常呈书页状或蠕虫状聚合体充填于孔隙之间；伊利石、伊/蒙混层、绿泥石多以薄膜状孔隙衬垫或孔隙充填的形式产出。黏土矿物的分布主要是受地下孔隙流体性质、古盐度、碎屑成分、成岩作用等因素控制，这些自生的黏土矿物可在不同的沉积和成岩环境中形成不同的黏土矿物组合及混层类型。

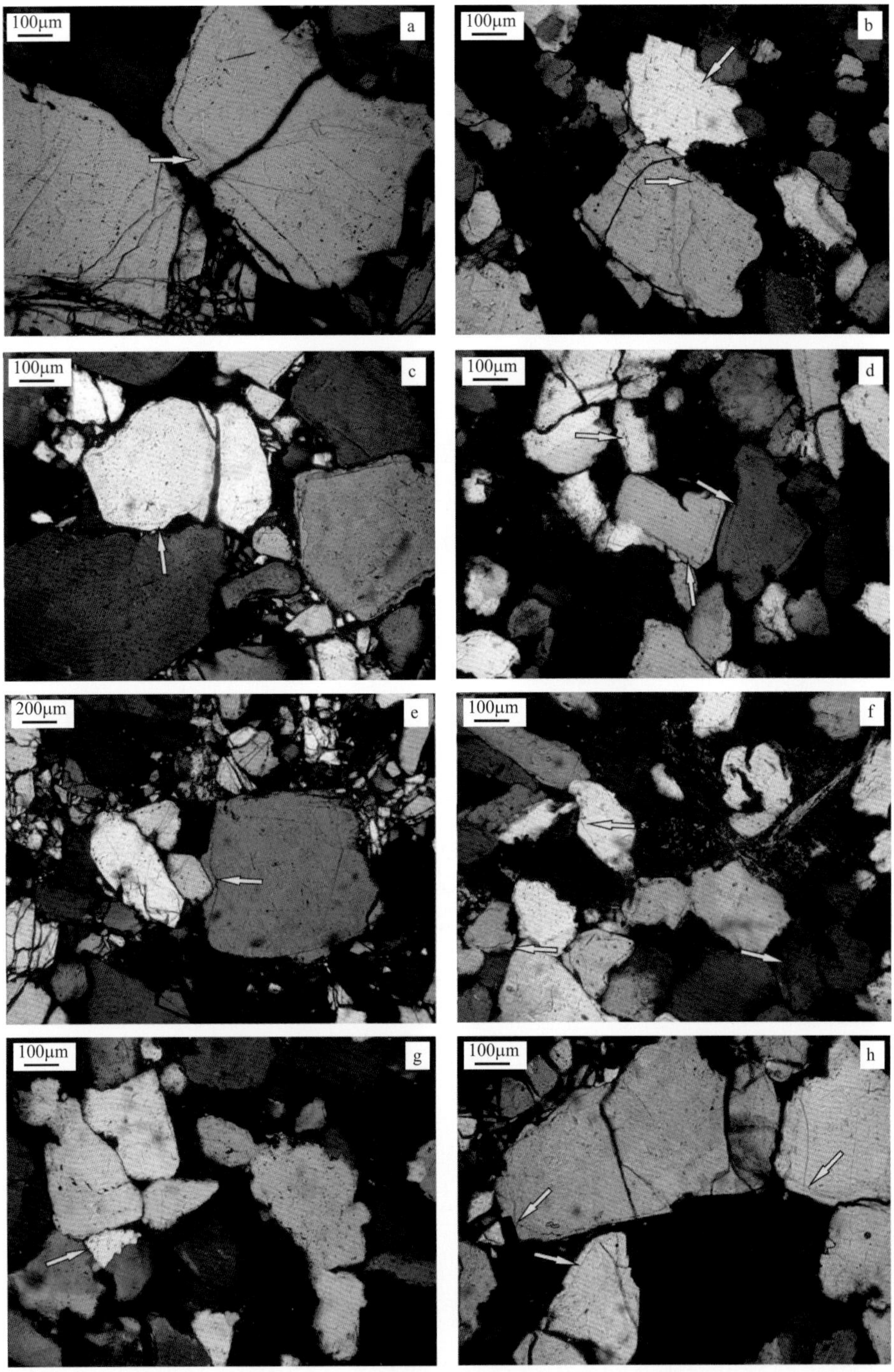

图 3-28　Termit 盆地古近系 Sokor1 组储层石英加大薄片特征

a—粗粒石英砂岩，Goumeri-2 井，2622.8m，E2；b—不等粒石英砂岩，Goumeri-3 井，2533m，E2；c—不等粒石英砂岩，Sokor S-1 井，1909m，E2；d—中粒石英砂岩，Agadi E-1 井，2203m，E4；e—不等粒石英砂岩，Goumeri E-1 井，2443m，E3；f—细粒石英砂岩，Dinga Deep-1 井，2717m，E3；g—细粒石英砂岩，Dinga D-1 井，2885m，E4；h—不等粒石英砂岩，Gololo SE-1 井，2431.5m，E3

随着埋藏深度的增加，压力和地温增高，层间水的释放及阳离子的移出，会引起黏土矿物的重结晶及黏土矿物的转化。在浅埋藏条件下，黏土矿物可出现高岭石和蒙皂石；而在深埋藏条件下，这些矿物消失而转化成伊利石或绿泥石。

（1）高岭石胶结。

研究区内高岭石是储层中含量最高的黏土矿物，其占黏土矿物的 80% 左右，薄片中含量一般为 3%～5%，局部可达 10%。在薄片中，高岭石呈分散质点状分布。在扫描电镜下，高岭石单晶体为假六方板状，一般为 3～15μm，其聚合体多表现为书页状，有时也呈蠕虫状分布。其多充填于粒间孔隙，常与自生石英伴生，反映出长石溶蚀是研究区高岭石的一种重要成因。区内高岭石结晶程度不一，同时多数高岭石遭受了不同程度的溶蚀。

（2）绿泥石胶结。

绿泥石是本区储层中常见的自生矿物，含量仅次于高岭石，占黏土矿物的含量一般在 20% 左右。产状可分为孔隙衬垫和孔隙充填两种形式。孔隙衬垫绿泥石以薄膜或环边的形式生长在碎屑颗粒的表面。在扫描电镜下，绿泥石衬垫呈针叶状集合体，向孔隙中心生长；孔隙充填绿泥石则表现为较好的花朵状、叶片状和绒球状晶体，单晶呈近似六边形鳞片，表面平滑平整，轮廓清晰，大小很均匀，杂乱堆积，如片片散落的柳叶，这是绿泥石最普遍的形态特征。

（3）伊利石胶结。

伊利石是本区储层中常见的黏土矿物，形成于较晚成岩阶段，其占黏土矿物的 4% 左右，并且随深度的增加伊利石含量有增加的趋势。研究区伊利石多以孔隙充填的形式产出，少数以薄膜状孔隙衬垫的形式产出，呈现丝缕状或丝片状。充填于孔隙中的丝片状伊利石将粒间孔隙分割成若干小孔隙，不仅占据了孔隙空间，更重要的是严重削弱了砂岩的渗透性。在区内普遍见到长石的溶蚀，可为伊利石的形成提供足够的物质来源，同时，黏土矿物的重结晶也是伊利石形成的一个重要原因。

（4）伊/蒙混层胶结。

伊/蒙混层矿物是砂岩中黏土矿物的重要组成部分，本区储层中存在着一定数量的伊/蒙混层矿物。伊/蒙混层在形态上介于蒙皂石和伊利石之间，多以孔隙衬垫和充填的形式出现，形态为絮状。在埋藏成岩过程中，随着埋藏深度的增加蒙皂石逐渐转变为伊/蒙混层。伊/蒙混层比的变化受温度和埋藏深度的控制，蒙皂石向伊利石及绿泥石转化是划分成岩阶段的重要标志之一。

（5）黄铁矿胶结作用。

该矿物在本区储层中含量较低。黄铁矿可形成于各个成岩阶段，在本区储层中观察到黄铁矿以交代及充填产状为主。在显微镜下，黄铁矿呈黑色团斑状或呈分散粒状，反射光下观察，黄铁矿发金属光泽。在扫描电镜下，黄铁矿单晶呈八面体形态，集合体呈球粒状。本区储层中的黄铁矿胶结物是在还原环境中产生的。

### 3. 溶蚀作用

溶蚀现象在本区储层中较为普遍。根据镜下铸体薄片和扫描电镜观察，主要有长石颗粒、石英颗粒、云母的溶蚀以及黏土基质的溶蚀。研究区薄片样品中很少见到大片的连晶方解石胶结，同时本区的长石颗粒含量和火山岩岩屑含量较低，因此研究区溶蚀作用主要为少量长石碎屑和石英的溶蚀（图3-29）。

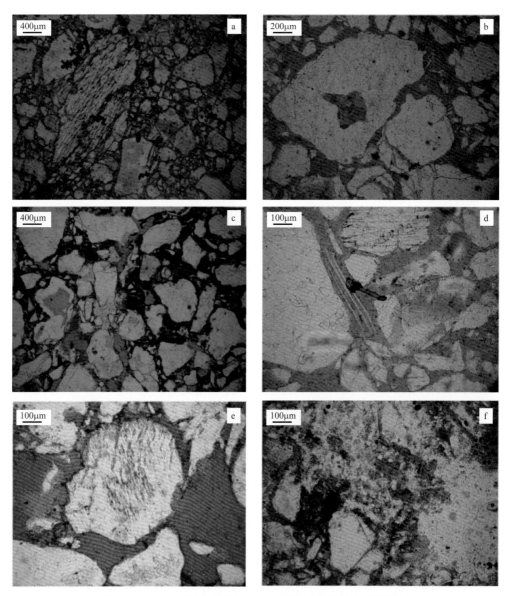

图 3-29　Termit 盆地古近系 Sokor1 组溶蚀作用铸体薄片特征

a—不等粒石英砂岩，长石溶蚀，Agadi-2 井，2010.2m，E1；b—不等粒石英砂岩，石英溶蚀，Dougoule-1 井，
1245m，E2；c—不等粒石英砂岩，粒间杂基溶蚀，Dougoule E-1 井，2286m，E4；d—不等粒石英砂岩，云母溶蚀，
Sokor-7 井，1846m，E2；e—不等粒石英砂岩，长石溶蚀，Dibeilla N-1 井，1211m，E2；f—不等粒石英砂岩，石英溶蚀，
Dougoule W-1 井，1317.5m，E3

长石、石英等碎屑颗粒的溶解在本区储层中较常见。被溶的长石往往具有港湾状边缘（图3-29a、e），有的沿解理进行溶解，形成锯齿状边缘，强烈溶解的斜长石可呈残骸状，形成粒内溶孔，甚至铸模孔。在电镜下常可见到长石溶蚀成蜂窝状、窗格状和残骸状，形成铸模孔、包壳孔和肋骨状孔（图3-30a）。石英的溶蚀常形成粒内溶孔（图3-30b），黏土基质的溶蚀常形成粒间溶孔和混合孔隙（图3-30c）。

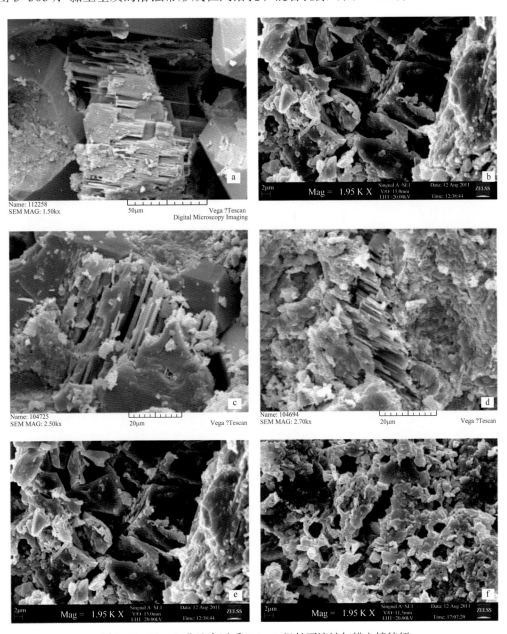

图3-30 Termit盆地古近系Sokor1组长石溶蚀扫描电镜特征

a—Agadi-2井，2010.1m，E1；b—Agadi-3井，2019m，E1；c—Agadi-3井，1986.5m，E1；d—Admer-1井，1857.5m，E5；e—Agadi-3井，2019m，E1；f—Faringa W-1井，1939m，E2

4. 交代作用

研究区主要的交代作用有以下几种：

1）碳酸盐胶结物交代石英颗粒及粒间杂基

在薄片中常见到由于方解石的交代使石英颗粒的边缘呈港湾状，或变成极不规则的残骸状边缘。研究区内，石英被碳酸盐矿物交代的现象较常见，甚至有些石英颗粒大部分或全部被交代（图 3-31a、b、c）。

2）黏土矿物交代岩屑

在富含黏土基质的砂岩中，常可见到黏土矿物，尤其是绿泥石交代（图 3-31d）。此外，碎屑颗粒中长石的高岭石化也非常普遍。长石属于不稳定组分，在高温高压下稳定的斜长石是最不抗风化的，在浅层较高 $CO_2$ 分压和 pH 值较低的酸性环境中，有利于长石的高岭石化。

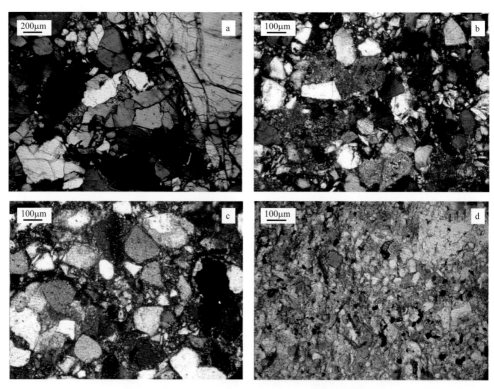

图 3-31　Termit 盆地古近系 Sokor1 组交代作用薄片特征

a—中粒石英砂岩，方解石交代石英，Goumeri-2 井，2869.5m，E4；b—细粒石英砂岩，方解石交代石英和杂基，Goumeri-3 井，2389.9m，E1；c—细粒石英砂岩，方解石交代石英，Tamaya-1 井，926m，E1；d—泥质粉砂岩，绿泥石交代泥屑，Sokor E-1 井，1678.6m，E1

（二）成岩序列

通过详细的薄片镜下研究，可确定 Termit 盆地古近系 Sokor1 组储层砂岩的成岩作用序列。在碎屑物质沉积后，随着埋藏深度的加大，压实作用对储层的影响越来越大，随着埋深达到一定程度时，生油岩达到成熟阶段，释放出大量的有机酸和 $CO_2$，形成酸性地层水对碎屑岩储层中的长石进行溶蚀，长石溶蚀后的物质形成了大量的高岭石沉淀，也为石英加大提供物质来源，同时混层黏土矿物开始向伊利石和绿泥石转化。最后储层水介质环境局部变为碱性，方解石胶结物在粒间零星沉淀，部分石英颗粒被方解石交代，并且早期形成的高岭石被溶蚀。

### （三）成岩阶段划分

依据研究区成岩现象特征、伊/蒙混层黏土矿物的演化、包裹体均一化温度及自生矿物的组合变化对研究区 Sokor1 组储层进行了成岩阶段划分，认为其正处于中成岩 A 期，少量处于早成岩 B 期。

## 三、古近系 Sokor1 组储层特征

### （一）储集空间特征

储层的孔隙结构特征与储层的储集性能有着极其密切的联系，孔隙结构的好坏是储层评价的重要依据，分析并把握储层的孔隙结构特征及其演化规律是寻找和预测有利储集岩体的重要环节。

1. 孔隙类型

研究区 Sokor1 组砂岩储层发育原生孔隙和部分次生孔隙。原生孔隙主要是碎屑沉积颗粒在成岩作用过程中经压实作用和胶结作用而残余的原生粒间孔隙。次生孔隙则是长石、黏土矿物和杂基等经淋滤作用、溶解作用、交代作用等形成的，包括各种溶蚀孔（粒间溶孔、粒内溶孔、贴粒缝）。

1）原生粒间孔

原生粒间孔是 Sokor1 组储层中最为发育的孔隙类型。砂岩可以是由杂基支撑或颗粒支撑，也可以含胶结物，在颗粒、杂基及胶结物之间的孔隙称为原生粒间孔。以原生粒间孔为主的砂岩储层，其孔隙大，喉道粗，连通性好，储集能力和渗透能力都好。

2）粒内孔

粒内孔是次生孔隙的一种，也是研究区见到的孔隙类型，系颗粒内部组分被溶蚀而形成的，常见有长石、云母和石英的溶蚀粒内孔。扫描电镜下长石的溶蚀作用十分明显，常见长石沿解理面溶蚀形成窗格状，溶蚀强烈时，长石颗粒大部分被溶蚀，呈现蜂巢状或残骸状；在薄片中也可见云母和石英被溶蚀。粒内孔形态一般不规则，并且连通性较差。

3）粒间溶孔

粒间溶孔一般为粒间填隙物如泥质、粉砂颗粒以及成岩作用过程中形成的假杂基等被溶蚀所形成，也是研究区可见的孔隙类型。

## 2. 喉道类型

喉道的大小、分布及几何形态是影响储集岩渗滤特征的主要因素。研究区储层砂岩可见的喉道类型有孔隙缩小型喉道、断面收缩型喉道和管束状喉道。

## （二）储层物性特征

由于井壁取心样品小且较为疏松，未能进行物性分析实验，研究过程中，缺少可靠的物性数据。基于大量的铸体薄片鉴定，利用面孔率探讨储层的储集性能。

### 1. 面孔率特征

根据 90 多块铸体薄片的镜下观察，得到 E1—E5 各层位的面孔率特征，其中 E1 砂层组面孔率最低，平均为 14.7%，E2—E5 层位平均面孔率近 20%。

根据单井沉积微相划分结果，对 90 多块铸体薄片面孔率进行沉积微相的统计和对比发现，三角洲前缘亚相水下分支河道砂体、河口坝砂体以及三角洲平原分支河道砂体的平均面孔率最高。其中水下分支河道砂体平均面孔率为 19.5%，河口坝砂体平均面孔率为 17.6%，三角洲平原分支河道砂体平均面孔率为 18.9%。远沙坝以及浅湖滩坝储层的面孔率较低，均不足 10%。

### 2. 测井孔渗评价

根据研究区的储层特征，按照表 3-2 标准。暂把研究区储层划分为 3 类：其中特高孔隙度特高渗透率、高孔隙度高渗透率、中孔隙度中渗透率储层为 I 类储层；低孔隙度低渗透率储层为 II 类储层；特低孔隙度特低渗透率储层为 III 类储层；研究区三角洲相分支河道砂体、水下分流河道砂体、河口坝砂体多为 I 类储层，远沙坝砂体、浅湖滩坝砂体多为 II 类储层，支流间湾等泥质粉砂为 III 类储层。

表 3-2 碎屑岩含油储层孔隙度、渗透率评价标准（据 SY/T 6283-3-1997）

| 储层分类 | 孔隙度 $\varphi$（%） | 渗透率（mD） | 储层评价 |
|---|---|---|---|
| 特高孔隙度特高渗透率储层 | $\varphi > 30$ | $K \geqslant 2000$ | I |
| 高孔隙度高渗透率储层 | $25 \leqslant \varphi < 30$ | $500 \leqslant K < 2000$ | |
| 中孔隙度中渗透率储层 | $15 \leqslant \varphi < 25$ | $50 \leqslant K < 500$ | |
| 低孔隙度低渗透率储层 | $10 \leqslant \varphi < 15$ | $10 \leqslant K < 50$ | II |
| 特低孔隙度特低渗透率储层 | $5 \leqslant \varphi < 10$ | $1 \leqslant K < 10$ | III |
| 超低孔隙度超低渗透率储层 | $\varphi < 5$ | $K < 1$ | IV |

评价结果表明 E1 砂层组砂岩孔隙度分布在 11.6%～27%，渗透率分布在 23～250mD，为低孔隙度低渗透率—中孔隙度中渗透率储层，低孔隙度低渗透率储层占 20%。E2 砂层组砂岩孔隙度分布在 13%～27%，渗透率分布在 41～251mD，为低孔隙度低渗透率—中孔隙度中渗透率储层，中孔隙度中渗透率储层占 80%，低孔隙度低渗透率储层占 10%。E3 砂层组砂岩孔隙度分布在 11%～25%，渗透率分布在 20～244mD，

为低孔隙度低渗透率—中孔隙度中渗透率储层，中孔隙度中渗透率储层占74%，低孔隙度低渗透率储层占15%。E4砂层组砂岩孔隙度分布在11%～25%，渗透率分布在30～287mD，为低孔隙度低渗透率—中孔隙度中渗透率储层，中孔隙度中渗透率储层占78%，低孔隙度低渗透率储层占13.8%。E5砂层组砂岩孔隙度分布在12%～25%，渗透率分布在14～308mD，为低孔隙度低渗透率—中孔隙度中渗透率储层，中孔隙度中渗透率储层占67.3%，低孔隙度低渗透率储层占27.3%。

### （三）储层控制因素分析

储层物性受多种因素的控制，研究认为，影响研究区Sokor1组储层性质的因素有物源性质、沉积相类型和成岩作用。其中物源性质和沉积相是根本，不仅控制着储层的原始空间展布和原生孔隙的多少，而且影响成岩作用的类型和强度。成岩作用是条件，影响储层储集空间的演化过程和孔隙结构特征。

#### 1. 沉积相类型对储层的影响

砂体沉积微相是Sokor1组储层性质的最主要影响因素。Sokor1组储层发育了三角洲、湖泊沉积，主要的沉积微相有分支河道、水下分支河道、河口沙坝、远沙坝、支流间湾和浅湖滩坝等。其中分支河道、水下分支河道和河口沙坝砂体厚度大，砂岩颗粒较粗，分选、磨圆较差，孔隙度、渗透率值较大，物性较好；而远沙坝、浅湖滩坝砂体厚度较薄，砂岩粒度较细，一般为粉砂级别，加之泥质含量高使物性变差。

#### 2. 物源性质对储层的影响

研究区Sokor1组储层物源类型主要为变质石英岩类，其母岩的高石英含量决定了其储层岩石类型主要为石英砂岩，为研究区高效储层的发育打下了基础。

#### 3. 成岩作用对孔隙的影响

研究区压实作用使储层早期原生孔隙度降低，但是样品中很少见到颗粒紧密接触，颗粒的接触关系主要以点接触为主，这主要是受到石英刚性颗粒的支撑保护作用。

局部的碳酸盐和黏土矿物胶结物起减孔作用。研究区碳酸盐胶结物不是很发育，方解石一般以杂基和交代形式出现，多见交代石英颗粒，少见方解石连片、嵌晶胶结。对孔隙影响较大的黏土矿物主要为绿泥石、伊利石以及伊/蒙混层，其常常堵塞孔隙和喉道。通过黏土X衍射和扫描电镜的分析结果可知，研究区储层黏土矿物类型主要为高岭石，其次表现为绿泥石，伊利石和伊/蒙混层含量很低。高岭石对储层的影响一般认为是积极性的。因为砂岩中自生高岭石一般由长石的溶蚀形成的，高岭石本身晶粒粗大，存在一定的晶间孔，自生高岭石的发育和优质储层有一定的相关性。

溶蚀作用对本区储层产生一定的影响，最常见的为长石的溶蚀，其次为石英、云母及粒间泥质物的溶蚀，溶蚀作用会形成粒内溶孔、粒间溶孔，还会扩大原生孔隙形成混合孔，改善了储集性能。

综合考虑本区的成岩作用对储层的影响：压实作用和方解石胶结作用都较弱；溶蚀作用（包含自生高岭石的形成）较常见；成岩作用对储层影响总体上是建设性为主，但是影响程度有限。

以上分析认为以物源性质和沉积相类型为主要内容的沉积作用对储层起主要的控制作用，成岩作用对储层起到了积极的改善作用，但是影响程度有限。

## 四、白垩系储层评价

白垩系储层样品数量少，主要资料有普通薄片 54 张，铸体薄片 2 张，少量扫描电镜分析化验资料和 X 衍射分析化验资料。针对这些资料，对白垩系的储层岩石特征、成岩作用类型及孔隙类型做相关分析。

### （一）白垩系储层岩石学特征

#### 1. 普通薄片鉴定特征

通过普通薄片镜下鉴定，研究区白垩系储层岩石类型以石英砂岩为主（图 3-32），其中石英含量最高为 99%，最低为 66%，平均为 95.8%；长石含量最高为 4%，平均不到 1%；岩屑含量最高为 32%，最低为 1%，平均为 3.7%（毛凤军等，2019）。

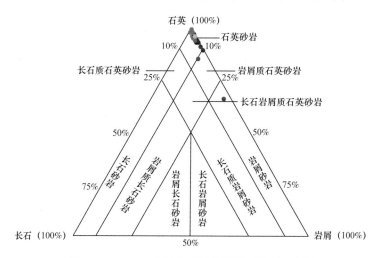

图 3-32　Termit 盆地白垩系储层岩石类型三角图

#### 2. 全岩 X 衍射特征

通过全岩 X 衍射对白垩系储层岩石组分有了进一步认识，储层岩石组分含有石英、黏土、钾长石、斜长石、重晶石、菱铁矿，其中石英组分平均含量达 85%，个别井高达98%，黏土矿物平均含量达 13%，长石平均含量为 1.3%。

#### 3. 黏土矿物 X 衍射特征

从黏土矿物 X 衍射结果来看，研究区白垩系储层黏土矿物类型主要为高岭石，其次为绿泥石、伊利石、伊/蒙混层和蒙皂石黏土矿物，高岭石平均含量占黏土总量的62.52%，较 Sokor1 组 E3-3—E1 层位的高岭石平均含量低，说明随着深度和成岩演化的加深，高岭石发生了转化。

4. 结构特征

研究区内白垩系主要岩石类型为细粒石英砂岩，其次为粉砂岩和粉砂质细砂岩，岩性普遍较细，砂岩磨圆度以次棱角状到次圆状，接触关系为点—线接触，部分可见线接触—凹凸接触，支撑类型为颗粒支撑，胶结类型为孔隙式胶结。

## （二）白垩系储层成岩作用研究

通过普通薄片镜下鉴定结合扫描电镜分析演化资料认识到，白垩系储层成岩作用类型有压实作用、胶结作用、交代作用、溶蚀作用。其中胶结作用又分为方解石胶结、硅质胶结、黏土矿物胶结。

通过详细的薄片镜下鉴定发现白垩系储层压实作用比 Sokor1 组强，可见颗粒的凹凸接触，部分薄片中可见化学压实作用—压溶作用。另外白垩系储层的石英加大也更发育，Dibeilla-1 井白垩系样品的平均石英加大含量达 4.6%。

从白垩系成岩作用特征、自生黏土矿物特征和黏土矿物伊/蒙混层中蒙皂石百分含量的值来看，白垩系储层处于中成岩 A 期。

## （三）白垩系孔隙类型

通过白垩系少量铸体薄片观察认识到，白垩系储层孔隙类型主要有原生孔和粒间溶孔（图 3-33）。

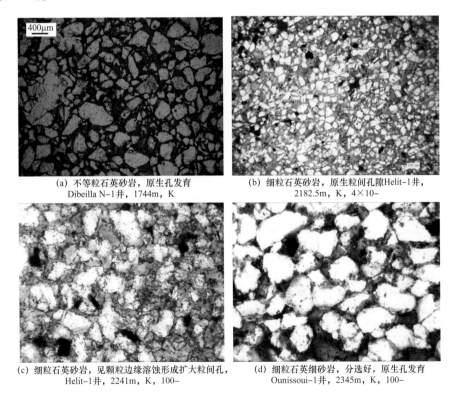

(a) 不等粒石英砂岩，原生孔发育
Dibeilla N-1井，1744m，K

(b) 细粒石英砂岩，原生粒间孔隙Helit-1井，
2182.5m，K，4×10-

(c) 细粒石英砂岩，见颗粒边缘溶蚀形成扩大粒间孔，
Helit-1井，2241m，K，100-

(d) 细粒石英细砂岩，分选好，原生孔发育
Ounissoui-1井，2345m，K，100-

图 3-33　白垩系储层铸体薄片镜下孔隙特征

# 参 考 文 献

吕明胜，薛良清，苏永地，等 . 2012. 裂谷作用对层序地层充填样式的控制——以西非裂谷系 Termit 盆地下白垩统为例［J］. 吉林大学学报（地球科学版），30（3）.67–77.

毛凤军，刘邦，刘计国，等 . 2019. 尼日尔 Termit 盆地上白垩统储层岩石学特征及控制因素分析［J］. 岩石学报，35（4）.1257–1268.

Genik G J. 1993. Petroleum geology of Cretaceous–Tertiary rift basins in Niger，Chad，and Central African Republic［J］. AAPG Bulletin，8：1405–434.

Guiraud R，Bosworth W，Thierry J，Delplanque A. 2005. Phanerozoic geological evolution of Northern and Central Africa：An overview［J］. J Afr Earth Sci，43（1–3）：83–143.

Lai H，Li M，Mao F，et al. 2020. Source rock types，distribution and their hydrocarbon generative potential within the Paleogene Sokor–1 and LV formations in Termit Basin，Niger［J］. Energ Explor Exploit，10.1177/0144598720915534.

Philip J. 2003. Peri–Tethyan neritic carbonate areas：distribution through time and driving factors［J］. Palaeogeogr，Palaeoclimatol，Palaeocol，196（1–2）：19–37.

# 第四章　烃源岩分布及地球化学特征

　　研究共采集了 Termit 盆地 7 口井共 650 余件烃源岩样品，包括 Yogou N-1 井、Dinga Deep-3 井、Bagam N-1 井、Ounissoui-1 井、Melek-1 井、Minga-1 井、Dibeilla-1 井，样品分布于 Dinga 断阶带、Araga 地堑、Yogou 斜坡和 Moul 凹陷等构造单元（图 4-1）。样品的岩性主要包括灰色、深灰色、灰黑色泥岩或泥页岩等，样品的类型有岩屑、井壁心和岩心。

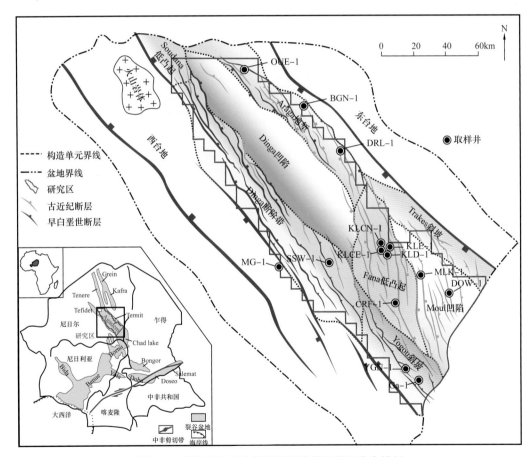

图 4-1　研究区地理位置及烃源岩样品平面分布特征

　　对样品开展了较全面的有机地球化学分析测试，完成了共 10 个项目，累计 983 项次的实验分析测试（表 4-1）。基于总有机碳（TOC）和岩石热解（Rock—Eval）分析，选取有机质丰度相对较高的烃源岩样品，进一步进行了氯仿沥青抽提、族组分分离、饱和烃色谱、饱和烃色谱—质谱、芳香烃色谱—质谱、干酪根显微组分、镜质组反射率测定等分析，建立了系统的地球化学剖面，对烃源岩进行了系统的地球化学特征评价。其中需要说明的是，Termit 盆地古近系 Sokor 组样品较少，仅 1 口井 8 件烃源岩样品（Dinga D-3 井：2388～2412m、2588～2596m、2644～2756m、2828～2958m、2988～3102m、3020～3034m、3080～3106m、3122～3130m），在此样品条件下要对 Termit 盆地古近系 Sokor 组烃源岩有机质丰度及平面分布作出准确而系统的评价，显然是存在明显缺陷的。

表 4-1  完成的地球化学实验分析测试项目及其数量

| 序号 | 分析测试项目 | 样品类型 | 数量（件） |
|---|---|---|---|
| 1 | 总有机碳含量（TOC） | 岩心/岩屑/井壁心 | 88 |
| 2 | Rock—Eval 岩石热解 | 岩心/岩屑/井壁心 | 650 |
| 3 | C、H、O、N 有机元素 | 干酪根 | 48 |
| 4 | 干酪根稳定碳同位素分析 | 干酪根 | 45 |
| 5 | 氯仿沥青"A"索氏抽提 | 岩心/岩屑/井壁心 | 15 |
| 6 | 氯仿沥青"A"族组分分离 | 氯仿沥青"A" | 15 |
| 7 | 氯仿沥青"A"饱和烃气相色谱 | 饱和烃组分 | 15 |
| 8 | 氯仿沥青"A"饱和烃色谱—质谱 | 饱和烃组分 | 15 |
| 9 | 干酪根显微组分分析 | 干酪根 | 50 |
| 10 | 镜质组反射率测定 | 岩心/岩屑/井壁心 | 42 |

根据 8 口井岩屑、岩心及井壁取心样品系统的地球化学分析结果，对 Termit 盆地上白垩统 Yogou 组和古近系 Sokor 组烃源岩地球化学特征进行总结（表 4-2）。

Yogou 组烃源岩具有相对较高的三芳甲藻甾烷指数（TDSI＞0.60），相对较低的碳同位素值（$\delta^{13}C_{干酪根}$＜-26‰），$C_{30}$ 4- 甲基甾烷含量低或者未检测出。而反映沉积环境氧化还原性和水体咸度的 Pr/Ph 值和伽马蜡烷/$C_{30}$ 藿烷参数值的变化范围较大，Dibeilla-1 井和 Melek-1 井 Yogou 组烃源岩 Pr/Ph 值高，伽马蜡烷/$C_{30}$ 藿烷值低，反映了水体沉积环境偏氧化、水体的分层性和盐度相对较低。Yogou N-1 井和 Ounissoui E-1 井的 Yogou 组烃源岩则具有低 Pr/Ph 值和高伽马蜡烷/$C_{30}$ 藿烷值，表明 Yogou 组有机质沉积环境变化大。另外，Sokor 组烃源岩代表性的地球化学特征包括：相对高的 Pr/Ph 值（＞1.0）、低的伽马蜡烷/$C_{30}$ 藿烷值（＜0.2）、低的三芳甲藻甾烷指数（TDSI＜0.60）、相对高的碳同位素值（$\delta^{13}C_{干酪根}$＞-25‰）、$C_{30}$ 4- 甲基甾烷含量较高。

依据镜质组反射率数据和分子地球化学参数值表明，Yogou N-1 井和 Melek-1 井 Yogou 组烃源岩生烃门限深度基本一致，为 2000～2100m，有机质开始大量生油的深度约为 2400～2500m。Ounissoui E-1 井和 Minga-1 井 Yogou 组生烃门限深度明显浅于

Yogou N-1 井和 Melek-1 井，大约为1600m，在2000～2100m就开始进入大量生油阶段。Ding Deep-3 井、Agadi-2 井、Goumeri-2 井等井的镜质组反射率和分子地球化学参数值表明，Sokor 组烃源岩的生烃门限深度大约为2300m，在2600m左右开始进入大量生油阶段。

表 4-2 Termit 盆地白垩系 Yogou 组和古近系 Sokor 组烃源岩地球化学特征对比

| | Yogou 组烃源岩 | | Sokor 组烃源岩 | |
| --- | --- | --- | --- | --- |
| | 特征 | 地球化学意义 | 特征 | 地球化学意义 |
| 正构烷烃分布形态 | 单峰态前峰型 | 水生生物为主的生物来源 | 双峰态后峰型 | 水生生物和陆源有机质双重贡献 |
| 姥鲛烷／植烷（Pr/Ph） | Yogou N-1 井、Ounissoui E-1 井等井较低，Melek 井等井偏高 | Yogou 组烃源岩沉积环境明显变化 | 较高（>1.0） | 偏氧化的沉积环境 |
| 伽马蜡烷指数（Ga/C$_{30}$H） | 较高（>0.25） | 咸水、偏还原的沉积环境 | 较低（<0.15） | 淡水和偏氧化的沉积环境 |
| C$_{30}$ 4-甲基甾 | 含量低，或者未检测 | | 分布明显，含量较高 | 某种淡水湖泊沟鞭藻有机质生物来源 |
| 三芳甲藻甾烷和甲基三芳甾 | 都有分布，三芳甲藻甾烷相对含量高，TDSI>0.60 | | 三芳甲藻甾烷相对含量低，TDSI<0.60 | |
| 氯仿沥青及族组分、干酪根碳同位素 | 碳同位素值相对偏负 | | 碳同位素值相对偏正 | |

# 第一节 烃源岩厚度平面展布特征

Termit 盆地白垩系 Yogou 组沉积于局限海的还原环境，有机质易于保存，且以藻类输入为主，同时含有陆生高等植物的贡献，生烃能力大，为油型烃源岩，成熟度正处于生油高峰末期，为主力烃源岩。Sokor 组为好的烃源岩，分布于区内大部分地区，但仅在深部成熟。目前认为 Yogou 组海相源岩为主力烃源岩，Sokor 组湖相烃源岩大部分未成熟，但在凹陷中心，埋深较大的地区，已进入生油窗，具有一定的生烃潜力。研究基于单井和连井烃源岩分析，结合地震剖面上地震相特征预测沉积相类型，然后再根据不同沉积相的泥地比，估算泥岩（烃源岩）的厚度，计算 Yogou 组和 Sokor 组烃源岩厚度，绘制出各组泥岩（烃源岩）的厚度等值线分布图。

## 一、白垩系 Yogou 组烃源岩平面分布特征

Yogou 组烃源岩总厚度大致在600～1500m，存在两个沉降中心，即北部 Dinga 凹陷中心和南部 Moul 凹陷中心。Yogou 组烃源岩的厚度受沉积相的控制，在沉积中心即凹

陷中心的烃源岩最厚，Dinga 凹陷烃源岩最厚可达 2000m 左右，Moul 凹陷烃源岩最厚可达 1500m 左右。烃源岩厚度自凹陷中心向盆地斜坡和边缘方向逐渐减薄，盆地斜坡区烃源岩的厚度大约为 500～1000m，稳定分布。北部 Dinga 凹陷中心和南部 Moul 凹陷中心之间存在一个隆起带（Fana 低凸起），此构造位置烃源岩厚度相对较薄（图 4-2）。

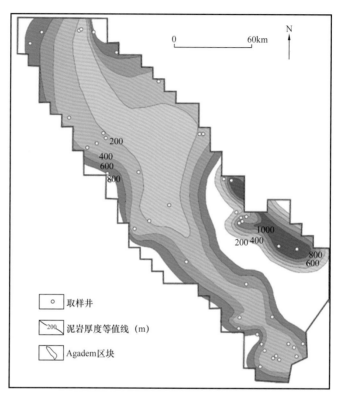

图 4-2　Termit 盆地 Yogou 组烃源岩累计厚度等值线图

　　综合 Termit 盆地 Yogou 组烃源岩空间展布研究结果，可知沉积相演化是控制烃源岩发育及其空间展布的主要因素（Lai 等，2018）。在 Yogou 组沉积早期，全球海平面处于白垩纪最高水平的稳定期，受到来自南北两个方向海侵，Termit 盆地及周边地区均被海水淹没，Termit 盆地整体处于浪基面之下，在安静的水体环境中以较慢的沉积速率沉积了广覆于整个盆地的浅海陆棚泥岩，主要为滨外陆棚亚相泥岩，具有层厚质纯，遍布整个盆地的特点，是该时期主要的烃源岩类型。

　　在白垩纪中期，全球海平面下降至相对较低的水平，Termit 盆地及周边地区海侵的范围逐渐缩小，水体条件相对动荡，在盆地斜坡区主要发育滨外陆棚过渡带亚相，盆地凹陷中心及邻近地区可能发育滨外陆棚亚相沉积。盆地边缘出现了少量向盆地方向进积的滨岸砂体或三角洲砂体。滨外陆棚过渡带泥岩是主要的烃源岩类型，盆地边缘附近可能发育少数三角洲泥岩。

　　在白垩纪末期，全球海平面在短暂回升后持续下降，海水逐渐退出 Termit 盆地。早期可见部分浅海陆棚沉积，浅海陆棚沉积基本退至盆地沉降中心低洼区，全盆地主要以

三角洲相／滨岸相砂体及相应的泥岩沉积为主。烃源岩类型主要为三角洲／下临滨泥岩、
滨外陆棚过渡带和滨外陆棚泥岩。

## 二、古近系 Sokor 组烃源岩平面分布特征

Termit 盆地古近系可划分为 Sokor1 组和 Sokor2 组。新近系岩性主要为河流相和冲
积平原相砂砾岩。Sokor2 组以湖相泥岩为主，上部夹薄层砂岩，为研究区古近系油气系
统的盖层。而 Sokor1 组在岩性上表现为砂泥岩互层，是研究区除了 Yogou 组海相烃源
岩外，另一套潜在的陆相烃源岩。

Termit 盆地 Sokor1 组烃源岩总体厚度在 300～900m，同样发育北部 Dinga 凹陷和南
部 Moul 凹陷两个沉降中心。烃源岩厚度在两个沉降中心处达到最大值，北部 Dinga 凹
陷和南部 Moul 凹陷中心附近烃源岩厚度最大值均在 900m 左右。盆地东西两侧斜坡区
烃源岩厚度约为 250～350m（图 4-3）。

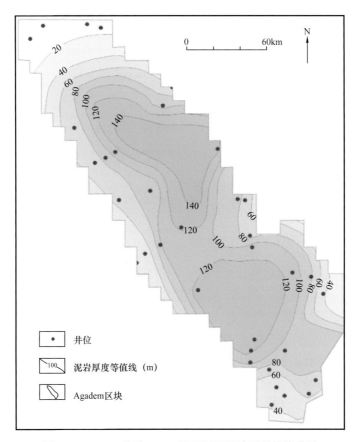

图 4-3　Termit 盆地 Sokor 组烃源岩累计厚度等值线图

研究区 Sokor1 组在岩性上表现为砂泥岩互层，沉积相包括河流相、三角洲相、湖
相等，其中泥岩有机质丰度高，但成熟度较低，在研究区大多地区仍处于未熟—低熟阶
段，未达到生油高峰期，仅在凹陷中心的烃源岩达到成熟阶段。由此可知，Sokor1 组烃

源岩对 Agadem 区块油气藏的油源贡献是有限的，远不及白垩系 Yogou 组烃源岩的供烃能力。

## 第二节 白垩系 Yogou 组有机质丰度评价及平面分布

### 一、有机碳测井预测模型

目前烃源岩测井—地球化学评价技术（尤其是在 TOC 测井预测方面）已进入较成熟的阶段，根据有机质在测井曲线上的响应特征，利用测井资料可建立有机碳含量与测井响应值的定量关系，获得沿井轴剖面上连续分布的有机碳含量信息，最具代表性的是 Passey 等（1990）系统阐述的 $\Delta\lg R$ 方法。$\Delta\lg R$ 方法最早由 Exxon 公司提出，并成功应用到世界各地的烃源岩评价中。其基本原理是以指定的叠合系数（常用的叠合系数为 0.00065m/μs）将声波孔隙度曲线（算术坐标）叠置在电阻率曲线（对数坐标）上，调整曲线刻度范围使得两条曲线在细粒非烃源岩处重叠，定为基线位置。基线确定后，两条曲线间的间距在对数电阻率坐标上的读数即为 $\Delta\lg R$。然后利用自然伽马和自然电位曲线识别和排除储集层段，即得到富含有机质泥岩段的 $\Delta\lg R$ 分布。$\Delta\lg R$ 方法主要的计算公式为

$$\Delta\lg R=\lg\left(R/R_{\text{基}}\right)+0.02\times\left(\Delta t-\Delta t_{\text{基}}\right) \tag{4-1}$$

$$TOC=\Delta\lg R\times 10^{\left(2.297-0.1688\times LOM\right)} \tag{4-2}$$

其中，$R$ 和 $\Delta t$ 分别为电阻率和声波时差测井值；$R_{\text{基}}$ 和 $\Delta t_{\text{基}}$ 分别为非烃源岩段的电阻率和声波时差基线值；0.02 表示 1 个电阻率对数刻度对应的声波时差长度为 50μs/ft；$LOM$ 为成熟度指数。

Termit 盆地 Yogou 组为海侵背景下沉积的一套海相地层，横向上分布稳定。尽管不同构造区块中目的层的埋深相差较大，但由于沉积背景的一致性，其沉积微相类型基本一致，横向可对比性非常高。因此，可以利用 $\Delta\lg R$ 的原理和方法去建立相应的有机质丰度测井解释模型（Lai 等，2020）。但现有 Termit 盆地烃源岩样品的 TOC 含量均大于 0.5%，均达到烃源岩门限范围，应用 $\Delta\lg R$ 方法时主要存在两大难题：非烃源岩段泥岩声波时差和电阻率基线值的确定和成熟度指数的选择。本文基于改进的 $\Delta\lg R$ 方法，进一步解析该方法的推算过程及适用性分析，求取 $\Delta\lg R$ 值，再根据实测 TOC 和 $\Delta\lg R$ 的拟合关系求取拟合系数，具体分析过程如下。

将式 4-1 变形为

$$\Delta\lg R=\lg R-\lg R_{\text{基}}+0.02\Delta t-0.02\Delta t_{\text{基}}=\left(\lg R+0.02\Delta t\right)-\left(\lg R_{\text{基}}+0.02\Delta t_{\text{基}}\right) \tag{4-3}$$

令 $\Delta\lg R'=\lg R+0.02\Delta t$，则式 4-3 又可变为

$$\Delta\lg R=\Delta\lg R'-\Delta\lg R'_{\text{基}} \tag{4-4}$$

而 $\Delta\lg R'=\lg R+0.02\Delta t$ 可变形为 $\lg R=-0.02\Delta t+\Delta\lg R'$。那么在 $\lg R$ 与 $\Delta t$ 交会图上，斜率为 $-0.02$ 的直线在 $Y$ 轴上的截距即为 $\Delta\lg R'$（图 4-4a）。

当斜率为 $-0.02$ 的直线刚好将所有数据点划分在直线的右上方（即直线切于具体一数据点使得左下角成为空白区时，在 $Y$ 轴上截距最小，定义此截距为基线的 $\Delta\lg R'_{\text{基}}$ 值，该直线在 $\lg R$–$\Delta t$ 交会图上对应的 $R$ 值和 $\Delta t$ 值即为基线值。不同数据点的 $\Delta\lg R$ 即为过数据点的直线（斜率为 $-0.02$）在 $Y$ 轴上的截距与 $\Delta\lg R'_{\text{基}}$ 值的差（图 4-4a）。此方法实质上是寻找 Passey 所定义的 $\Delta\lg R$ 的最小值作为基线值，如果数据点包含了非烃源岩的数据，那么该方法定义的基线所对应的 $R$ 值和 $\Delta t$ 值即为 Passey 所提的非烃源岩段的基线值，可以沿用式 4-2 计算 TOC。如果在实际工作中，数据点全部达到烃源岩门限时（即缺乏非烃源岩数据），该方法定义的 $R$ 和 $\Delta t$ 基线值比 Passey 所定义的要偏大，不宜用式 4-2 直接计算 TOC，但可以利用线性拟合方法求取 TOC 预测方程（赖洪飞等，2018）。

本研究中，地质样品实测的 TOC 值全都在烃源岩门限之上，地质剖面上也无法识别属于非烃源岩的泥岩段，因此选用了该方法计算不同数据点的 $\Delta\lg R$ 值。然后利用多项式拟合方法，建立实测 TOC 与 $\Delta\lg R$ 的关系式（图 4-4b），拟系数 $R^2=0.7425$，与之对应的式 4-5 即为 Termit 盆地 Yogou 组烃源岩有机质含量（TOC）预测计算模型。

$$\text{TOC}=13.802\times(\Delta\lg R)^3+24.860\times(\Delta\lg R)^2+13.838\times\Delta\lg R+3.4424 \qquad (4\text{-}5)$$

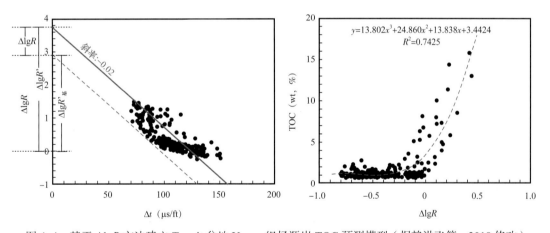

图 4-4　基于 $\Delta\lg R$ 方法建立 Termit 盆地 Yogou 组烃源岩 TOC 预测模型（据赖洪飞等，2018 修改）

## 二、有机碳单井评价

利用所获得的 TOC 测井计算模型计算了 Termit 盆地不同井的 TOC 含量。以 Kga-1 井和 YgN-1 井为例检验模型的有效性，由于煤 / 碳质泥岩具有有机碳含量高、厚度薄、异常强垂向和横向非均质性的特点，预测模型无法准确预测其有机碳含量。本次验证过程，主要是对比单井上除煤 / 碳质泥岩以外的泥岩（包括三角洲泥岩、滨岸泥岩和浅海陆棚泥岩）的实测 TOC 值与利用本测井模型计算的 TOC 预测曲线的差异，结果发现，烃源岩样品实测 TOC 数据点基本分布在 TOC 预测曲线附近，而且垂向上的变化趋势也表现出良好的一致性（图 4-5），证实了模型的可行性，能满足基于测井曲线进行烃源岩总有机碳含量预测的精度要求。

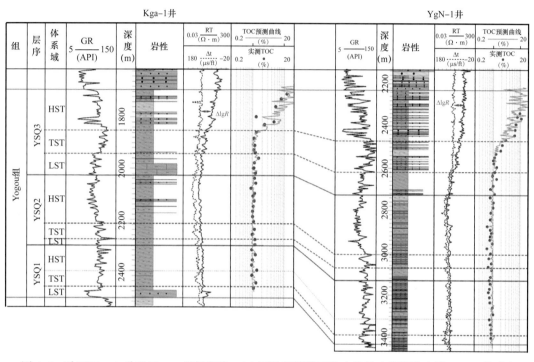

图 4-5　验证 Termit 盆地 Yogou 组烃源岩 TOC 测井预测模型的有效性（据赖洪飞等，2018 修改）

## 三、有机碳平面分布特征

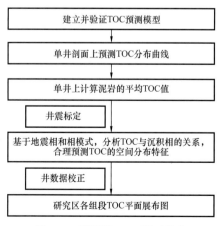

图 4-6　烃源岩 TOC 平面分布
预测技术流程图

烃源岩 TOC 平面分布图是优质烃源岩预测和油气资源评价的关键性图件。在勘探程度低的 Termit 盆地，烃源岩最为发育的盆地凹陷中心往往缺乏钻井，由于缺乏地质样品而无法获取准确的烃源岩 TOC 数据。基于地球化学—测井—地震相结合的研究方法为低勘探程度盆地的烃源岩 TOC 平面分布预测提供了可能。该方法具体的流程如下（图 4-6）。

首先需要建立一个研究区适用的 TOC 预测模型，再根据建立的烃源岩 TOC 预测模型计算所有单井的 TOC 预测曲线，进而在单井剖面中利用 TOC 预测曲线计算某一层段烃源岩平均

TOC 值。此外，根据井震标定方法将测井曲线标定在地震剖面上，建立单井上沉积相和地震相的相关关系，再统计 TOC 与沉积相和地震相的相关关系，根据沉积相模式和地震相特征预测无钻井区的不同沉积相带的 TOC 值，有钻井的区域则根据地球化学实验数据和 TOC 测井预测数据进行校正，最后做出组段烃源岩的 TOC 平面展布图。

　　本研究主要根据以上方法，计算了 40 口井 Yogou 组 TOC 平均值，并结合全区的二维地震剖面资料，绘制了 Yogou 组 TOC 平面展布图（图 4-7）。

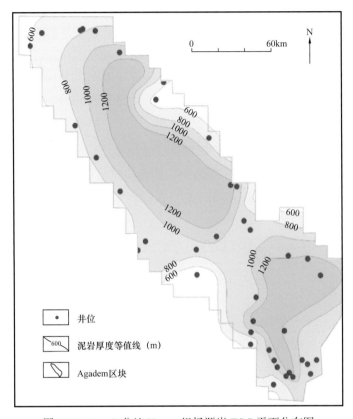

图 4-7　Termit 盆地 Yogou 组烃源岩 TOC 平面分布图

　　总体上来说，研究区南北两个凹陷 Yogou 组泥岩的 TOC 的平面变化特征相似，均由凹陷中心向盆地边缘斜坡带逐渐降低，TOC 的最大值位于南部 Moul 凹陷中心和北部的 Dinga 凹陷中心。

## 第三节　有机质类型

　　不同的沉积环境富集的有机质组成、结构类型等均存在较大的差异，导致其生油潜力有较大的区别。并且，影响油气生成潜量的重要因素，除了有机质丰度外，有机质类型划分也是烃源岩评价的一项重要工作。通常，判断有机质类型主要是基于有机质的不溶及可溶两特点，在划分类型时主要依据干酪根显微组分的镜检、有机元素 H/C、O/C

值、岩石热解分析及稳定碳同位素分析等。

## 一、干酪根显微组分

通过在干酪根（有机质）显微组分镜检里有机岩石学方法来判断其烃源岩特征，把高等动植物有机质里的惰质组、壳质组与镜质组即通过在光学显微镜下能够直接的判断出干酪根（有机质）的显微组成特征。关于烃源岩有机显微组分的分类，目前多采用三类四型的划分方案，划分为Ⅰ型含腐泥的有机质、Ⅱ₁型含腐殖—腐泥的有机质、Ⅱ₂型含腐泥—腐殖的有机质和Ⅲ型含腐殖的有机质。干酪根处理按石油天然气行业标准《沉积岩中干酪根分离方法》（SY/T 5123—1995）进行分离，显微组分鉴定依据行业标准《透射光—荧光干酪根显微组分鉴定及类型划分方法》（SY/T 5125—1996）。在鉴定统计的基础上，通过下列加权公式计算出样品的类型指数（$TI$），确定干酪根类型：

$$TI=a+0.5b-0.75c-d \qquad (4-6)$$

其中，$a$，$b$，$c$，$d$分别表示腐泥组、壳质组、镜质组及惰质组的百分含量。$TI \geqslant 80$时为Ⅰ型干酪根，$40 \leqslant TI < 80$时为Ⅱ₁型干酪根，$0 \leqslant TI < 40$时为Ⅱ₂型干酪根，$TI < 0$时为Ⅲ型干酪根（表4-3）。

表 4-3 干酪根类型划分标准（据秦建中等，2005）

| 指标 | | 有机质类型 | | | |
|---|---|---|---|---|---|
| | | 腐泥型<br>Ⅰ | 腐殖—腐泥型<br>Ⅱ₁ | 腐泥—腐殖型<br>Ⅱ₂ | 腐殖型<br>Ⅲ |
| 主要<br>指标 | 干酪根<br>显微组分 | 腐泥组为主<br>（>80%） | 腐泥组为主，含镜质<br>组及惰质组 | 腐殖组、腐殖组、壳质<br>组及惰质组皆有发育 | 镜质组、壳质组<br>及惰质组为主 |
| | 类型指数 $TI$ | >80 | 80～40 | 40～0 | <0 |
| | 干酪根<br>δ¹³C（‰） | <−28 | −28～−26 | −26～−24 | >−24 |

本次研究共分析了50件干酪根样品的显微组分组成，其中包括来自 Dinga Deep-3 井的 Sokor1 组8件、MG-1 井 Donga 组6件，其余36件来自 Yogou 组。总体上，Sokor1 组、Donga 组和 Yogou 组干酪根显微组分均以腐泥组为主，占73.0%～91.0%，反映出很好的生油潜力，其中腐泥无定形组和腐泥碎屑体所占百分含量分别为52%～77%和9.3%～25.3%。除腐泥组外，其余为镜质组，包括无结构镜质组和镜质碎屑体，二者所占百分含量分别为5.7%～18%和3.0%～9.7%。总体上，干酪根显微组分组成的类型指数为62～79，为Ⅱ₁型（表4-4）。

表 4-4 Termit 盆地烃源岩干酪根显微组分组成

| 井号 | 样品个数 | 层位 | 腐泥组（%） | | | 镜质组（%） | | | 类型指数 | 类型 |
| --- | --- | --- | --- | --- | --- | --- | --- | --- | --- | --- |
| | | | 腐泥无定形 | 腐泥碎屑体 | 合计 | 无结构镜质体 | 镜质碎屑体 | 合计 | | |
| DGD-3 | 8 | Sokor1 组 | 58.7~73 / 65.25 | 14~18 / 16.01 | 75.7~87 / 81.26 | 6~18 / 12.46 | 4.3~7.3 / 6.15 | 13~24.3 / 18.7 | 57.5~77.3 / 67.26 | II₁ |
| BGN | 2 | Yogou 组 | 59~70.3 / 64.65 | 14.7~18 / 16.35 | 77~85 / 81 | 10.7~15.7 / 13.2 | 4.3~7 / 5.65 | 15~23 / 19 | 59.8~73.8 / 66.8 | II₁ |
| DBL-1 | 6 | Yogou 组 | 52~81.7 / 63.45 | 9.3~24.3 / 17.1 | 73~91 / 80.57 | 6~18 / 12.88 | 3~9.7 / 6.57 | 9~27 / 19.43 | 52.8~84.3 / 66.02 | II₁ |
| YGN-1 | 7 | Yogou 组 | 57.7~77 / 67.06 | 11~22.7 / 17.53 | 78.3~88 / 84.57 | 7~13 / 9.44 | 4.7~8.7 / 6.01 | 12~21.7 / 15.43 | 62~79 / 73 | II₁ |
| MG-1 | 5 | Yogou 组 | 62.7~72 / 66.54 | 15.7~22 / 19.2 | 82~90.3 / 85.72 | 5.7~11 / 8.42 | 4~7 / 5.86 | 9.7~18 / 14.28 | 68.5~83 / 75.02 | II₁ |
| MG-1 | 6 | Donga 组 | 62.7~73 / 67.95 | 16~24 / 19.83 | 84.3~90 / 87.8 | 5.7~9.3 / 7.23 | 4.3~6.3 / 5 | 10.3~15.7 / 12.2 | 72.5~82 / 78.65 | II₁ |
| MLK | 9 | Yogou 组 | 54~72.3 / 62.97 | 16.3~25.3 / 21.2 | 77~88.7 / 84.19 | 7~15 / 9.67 | 4.3~8.7 / 6.16 | 11.3~23 / 15.81 | 59.8~80.2 / 72.32 | II₁ |
| ONS | 7 | Yogou 组 | 62~75.7 / 68.2 | 12.3~21 / 16.41 | 79.3~89 / 85.04 | 6.3~15 / 9.66 | 3.7~7 / 5.63 | 11~20.3 / 15.33 | 64.2~80.8 / 73.59 | II₁ |

## 二、干酪根元素

干酪根作为复杂的有机大分子混合物，主要为氢、碳、氧元素组成，其 H/C、O/C 值是有机质平均化学成分的综合反映，是经典的干酪根类型划分的重要地球化学参数。Ⅰ型干酪根的 H/C 值高，往往大于 1.5，而 O/C 值低，小于 0.1，它们富含脂肪结构，产油潜力大。Ⅲ型干酪根的 H/C 值低，一般小于 1.0，而 O/C 值较高，可达 0.2 或 0.3，它们富含芳核和杂原子，生气潜力大。Ⅱ型干酪根介于二者之间。Tissot 等（1984）最早提出的表示烃源岩干酪根 H/C—O/C 组成关系的 Van Krevelen 图解是干酪根类型划分的可靠指标，已在烃源岩研究中得到广泛应用。根据 H/C—O/C 相关图（范氏图），研究区 Sokor 组、Donga 组和 Yogou 组有机质类型以Ⅱ型为主，少数偏Ⅲ型（图 4-8）。

## 三、岩石热解数据

考虑到成熟度对烃源岩有机质类型的影响，法国石油研究院 Espitalie 等（1985）提出了用 $HI$（mg/g）与 $T_{max}$（℃）图版来划分有机质类。邬立言等（1986）针对中国

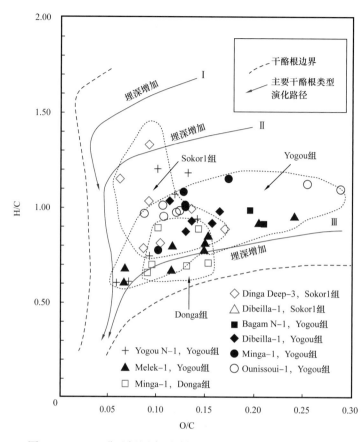

图 4-8　Termit 盆地烃源岩干酪根 H/C—O/C 相关图（范氏图）

的实际情况，提出了相应划分烃源岩有机质类型的图版。关于研究区白垩系 Yogou 组岩石热解分析，包括 Yogou N-1 井 140 件、Dinga D-3 井 3 件、Ounissoui E-1 井 144 件、Melek-1 井 141 件、Minga-1 井 127 件及 Bagam N-1 井 22 件，总共 577 件岩石样品。而古近系 Sokor 组岩石热解分析主要包括 Dinga D-3 井 61 件和 Dibeilla-1 井 12 件，共 73 件岩石样品。

Yogou N-1 井 Yogou 组样品的岩石热解峰温（$T_{max}$）为 425～447℃，氢指数范围 36～463mg/g（图 4-9）。

Ounissoui E-1 井 Yogou 组样品的岩石热解峰温（$T_{max}$）为 421～445℃，氢指数范围 17～390mg/g（图 4-10）。

Melek-1 井 Yogou 组样品的热解峰温 $T_{max}$ 为 428～451℃，氢指数范围 39～280mg/g（图 4-11）。Minga-1 井 Yogou 组样品的岩石热解峰温（$T_{max}$）为 419～440℃，氢指数范围为 11～611mg/g（图 4-12）。另外，还对古近系 Sokor 组烃源岩样品进行了岩石热解分析，其中 Dibeilla-1 井 Sokor 组样品的岩石热解峰温（$T_{max}$）为 392～444℃，氢指数范围为 135～1041mg/g（图 4-13）。Dinga D-3 井 Sokor 组样品的岩石热解峰温（$T_{max}$）为 425～450℃，氢指数范围为 28～809mg/g，平均为 322mg/g（图 4-14）。

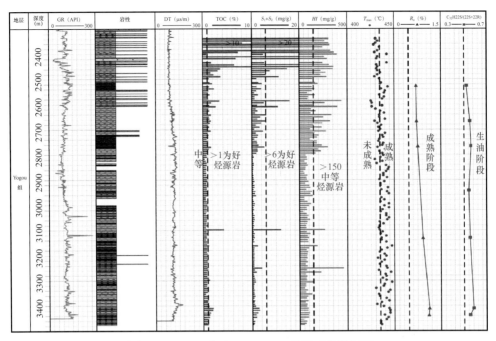

图 4-9  Termit 盆地 Yogou N-1 井地球化学剖面

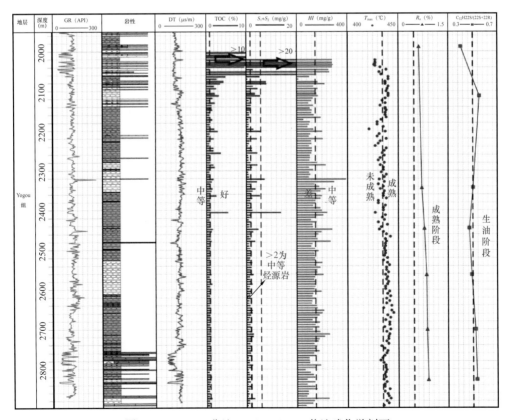

图 4-10  Termit 盆地 Ounissoui E-1 井地球化学剖面

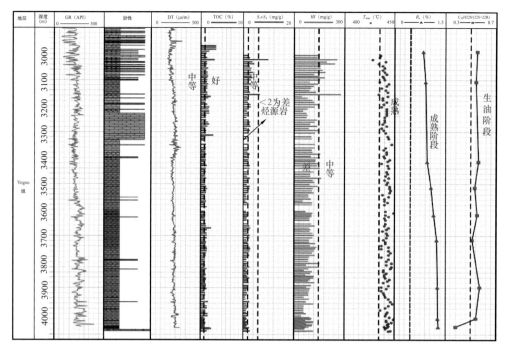

图 4-11  Termit 盆地 Melek-1 井地球化学剖面

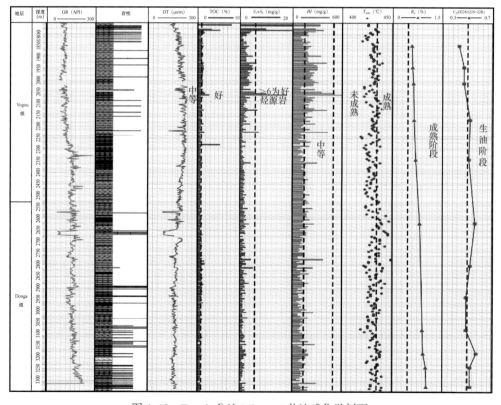

图 4-12  Termit 盆地 Minga-1 井地球化学剖面

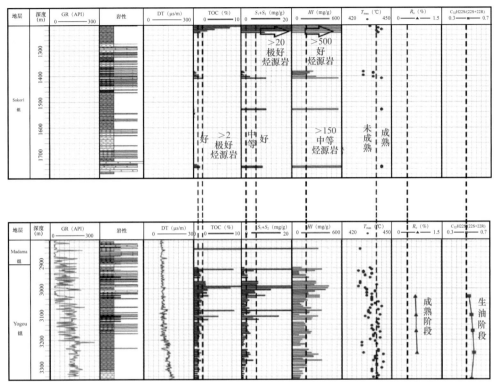

图 4-13　Termit 盆地 Dibeilla-1 井地球化学剖面

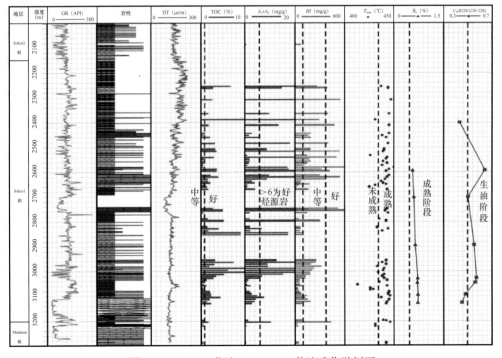

图 4-14　Termit 盆地 Dinga D-3 井地球化学剖面

由 $HI$—$T_{max}$ 关系图可知，研究区 Yogou 组烃源岩干酪根类型为 Ⅱ—Ⅲ 型，而 Sokor 组烃源岩有机质类型分布广，从 Ⅰ 型至 Ⅲ 型干酪根均有分布（图 4-15）。

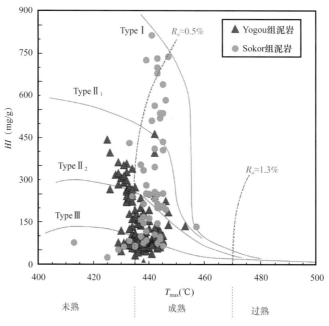

图 4-15　Termit 盆地烃源岩 $HI$—$T_{max}$ 关系图

## 第四节　有机质热演化程度

有机质成熟度是指有机质的热演化程度，研究有机质成熟度可以有助于划定生烃门限、确定烃源岩热演化阶段以及圈定有效烃源岩范围。有机质成熟度研究通常采用的指标包括：镜质组反射率（$R_o$）、岩石最大热解峰温（$T_{max}$）、生物标志化合物和孢粉热变指数（TAR）等。本次研究主要采用 $R_o$、$T_{max}$ 和生物标志化合物来表征有机质的成熟度。

### 一、白垩系 Yogou 组烃源岩有机质热演化程度

#### （一）镜质组反射率

镜质组反射率是指，在油浸状态下光线垂直入射有机质时反射光与入射光的比值。随着成熟度的增加，有机质中的镜质组逐渐定向组合而具有更强的反射能力，因此镜质组反射率可以很好地反应有机质的热演化程度。在油气勘探及研究工作中，有机质中镜质组反射率（$R_o$）是目前应用最为广泛的表征有机质成熟度的参数，它是有机质在地质历史时期温度和压力的共同响应。镜质组反射率 $R_o$ 划分烃源岩热演化阶段的标准是：$R_o<0.5\%$ 为未成熟阶段；$0.5\%<R_o<0.7\%$ 为低成熟阶段；$0.7\%<R_o<1.3\%$ 为成熟（生

烃高峰）阶段；$1.3\% < R_o < 2.0\%$ 为高成熟（湿气和凝析气）阶段；$R_o > 2.0\%$ 为过成熟（干气）阶段。需要说明的是，$R_o$ 具有不可逆性。

Yogou N-1 井 Yogou 组镜质组反射率剖面（图 4-9），总的来看，在半对数坐标上，镜质组反射率与深度呈良好的相关性，根据 $R_o$ 曲线外推，$R_o = 0.5\%$ 所对应的深度大致为 2100m 左右，表明 Yogou N-1 井 Yogou 组的生烃门限深度大致为 2100m，$R_o = 0.6\%$ 所对应的深度大致为 2400m。

Ounissoui E-1 井 Yogou 组烃源岩镜质组反射率剖面（图 4-10），$R_o = 0.5\%$ 所对应的深度大致为 1600m，$R_o = 0.6\%$ 所对应的深度大致为 2000m，表明 Ounissoui E-1 井 Yogou 组烃源岩有机质开始大量生烃的深度约为 2000m。

Melek-1 井烃源岩有机质镜质组反射率剖面（图 4-11），具有最大的埋深，最深的样品超过 4000m，其 $R_o$ 值最大近 1.30%，达到高成熟阶段，$R_o = 0.50\%$ 所对应的深度大约为 2000m，表明该井烃源岩门限深度约为 2000m，这与 Yogou N-1 井 Yogou 组生烃门限深度基本一致。

Minga-1 井 Yogou 组烃源岩有机质镜质组反射率剖面（图 4-12），$R_o = 0.50\%$ 所对应的深度大约为 1600m，表明该井烃源岩门限深度约为 1600m，这与 Ounissoui E-1 井 Yogou 组生烃门限深度基本一致。$R_o = 0.60\%$ 所对应的深度约为 2100m。

Dibeilla-1 井 Yogou 组烃源岩有机质镜质组反射率测定（图 4-13），Yogou 组 3022～3262m 的烃源岩 $R_o$ 值都在 0.70% 以上，为成熟烃源岩。

### （二）岩石热解数据

烃源岩热解峰温（$T_{max}$）是指岩石快速热解分析时，干酪根热解烃（$S_2$ 峰）所对应的温度。随着烃源岩成熟度的增加，$T_{max}$ 值逐渐增加。根据 Peters 和 Cassa（1994）的分类标准，$T_{max}$ 小于 430℃ 为未成熟，对应于 $R_o$ 小于 0.5%；$430℃ < T_{max} < 465℃$ 为主要生油带，对应 $R_o$ 为 0.5%～1.3%；$460℃ < T_{max} < 500℃$ 为湿气带，对应 $R_o$ 为 1.3%～2.0%；$T_{max} > 500℃$ 为干气带，对应 $R_o$ 大于 2.0%。

Yogou N-1 井 Yogou 组样品的岩石热解峰温为 425～447℃，为低成熟阶段到生油高峰初期。Ounissoui E-1 井 Yogou 组样品的岩石热解峰温为 421～445℃，为低成熟阶段到生油高峰初期（图 4-9）。Ounissoui E-1 井 Yogou 组样品的岩石热解峰温为 421～445℃，为低成熟阶段到生油高峰初期（图 4-10）。Melek-1 井 Yogou 组样品的热解峰温 $T_{max}$ 为 428～451℃，为低熟到生油窗早期（图 4-11）。Minga-1 井 Yogou 组样品的岩石热解峰温为 419～440℃，为低成熟阶段到生油高峰初期（图 4-12）。

### （三）分子标志物成熟度参数

热成熟度是描述沉积有机质转化为原油的热驱动反应的程度。在早期成岩过程中，沉积物中的细菌和植物碎片等会转变为干酪根（不溶的分散有机物质）和沥青（可抽提的有机质）。随着埋藏深度的增大，热作用的增强会将这类有机质转变为原油，而进一步的高温作用经歧化反应转变为天然气和石墨。也就是说，原油是在热成熟过程中向更高热动力学稳定性演化的亚稳态产物的复杂混合物。由于认识到精确描述沉积有机质热成熟度的必要性，有机地球化学家们逐渐提出了各种热成熟度参数。从 20 世纪 70 年代起，以特定生物标志化合物的分布和比值为依据的分子参数，在热成熟度研究中的应用与日俱增。

我们知道，升藿烷异构化参数 22S/（22S+22R）对评估从未成熟到生油早期阶段的成熟度具有很高的专属性。其 $C_{31} \sim C_{35}$ 17α- 藿烷在 C-22 位上的异构化反应的发生早于许多用来评估原油及沥青热成熟度的生物标志化合物。生物成因的藿烷前驱物具有 22R 的构型，热稳定性低，随着有机质的热演化，它会逐渐转变为更稳定的地质结构 22S，形成 22S 和 22R 重排立体异构体的混合物。在 $m/z$ 191 质量色谱图中 $C_{31} \sim C_{35}$ 范围内的 22R 和 22S 双峰成为升藿烷。一般而言，常用 $C_{31}-$ 或者 $C_{32}-$ 升藿烷的分析结果来计算 22S/（22S+22R）比值，在热演化过程中该比值从 0 升至 0.6（0.57～0.62 为平衡值）。22S/（22S+22R）比值在 0.50～0.54 范围内表明样品刚刚进入生油阶段，而当 22S/（22S+22R）比值在 0.57～0.62 之间时，则表明样品已达到或超过生油的主要时期。

Yogou N-1 井 Yogou 组烃源岩样品中 $C_{32}$ 藿烷 22S/（22S+22R）值都大于 0.54，表明埋深超过 2500m 的烃源岩样品，都开始进入大量生油阶段（图 4-9）。

Ounissoui E-1 井 Yogou 组烃源岩样品中，埋深为 1972～2004m 的样品，其 $C_{32}$ 藿烷 22S/（22S+22R）值为 0.40，表明 Ounissoui E-1 井 Yogou 组埋深到 2000m 左右时，尚未进入大量生油阶段。当有机质埋深达 2106～2118m 时，$C_{32}$ 藿烷 22S/（22S+22R）值达到 0.55，进入大量生油阶段（图 4-10）。

Melek-1 井 Yogou 组 2968～4058m 烃源岩样品中 $C_{32}$ 藿烷 22S/（22S+22R）值高于 0.54，指示有机质都进入开始大量生油阶段（图 4-11）。

Minga-1 井烃源岩样品包括 Yogou 组和 Donga 组，对 Yogou 组烃源岩，埋深分别为 1834～1864m、1930～1954m 和 2002～2020m 的三件样品，其 $C_{32}$ 藿烷 22S/（22S+22R）值为较低，都低于 0.50，表明埋深低于 2000m 的烃源岩，尚未进入大量生油阶段；而深度为 2152～2188m 其 $C_{32}$ 藿烷 22S/（22S+22R）值达到 0.52，开始进入大量生油阶段。Donga 组样品的埋深都大于 2600m，其 $C_{32}$ 藿烷 22S/(22S+22R)值较高，为 0.50～0.57，表明 Minga-1 井 Donga 组烃源岩都进入生油窗（图 4-12）。

Dibeilla-1 井 Yogou 组烃源岩 $C_{32}$ 藿烷 22S/(22S+22R)值都大于 0.52，成熟度较高，已进入大量生烃阶段（图 4-13）。

## 二、古近系 Sokor 组烃源岩有机质热演化程度

### （一）镜质组反射率

Dinga D-3 井 Sokor 组镜质组反射率剖面（图 4-14），$R_o$=0.50% 时，所对应的深度

值约为 2300m，烃源岩在 2300m 以后 $R_o$ 入生烃门限。$R_o$ 值在 0.60% 左右时，对应的深度约为 2600m，表明有机质开始大量生烃的深度大约为 2600m。

根据 6 口井的镜质组反射率 $R_o$ 测试分析表明，Yogou 组烃源岩样品几乎均进入大量生油阶段，以 $R_o$=0.6% 为大量生烃门限，对应的门限深度为 2100～2400m。而根据 Dinga D-3 井 Sokor 组样品分析，其 $R_o$=0.6% 对应的深度为 2600m，略大于 Yogou 组的生烃门限深度。

### （二）岩石热解数据

Dibeilla-1 井 Sokor 组样品的岩石热解峰温（$T_{max}$）为 392～444℃，为未成熟阶段到生油高峰初期（图 4-13）。Dinga D-3 井 Sokor 组样品的岩石热解峰温为 425～450℃，为低成熟阶段到生油高峰初期（图 4-14）。

根据 6 口井的烃源岩样品的 $T_{max}$ 分析表明，Yogou 组大多数样品 $T_{max}$ 值分布范围为 430～450℃，属于烃源岩主要生油带，但部分样品 $T_{max}$ 小于 430℃，处于低热演化阶段。因此，整体上 Yogou 组烃源岩处于低成熟阶段到生油高峰初期阶段。而 Sokor 组烃源岩样品的 $T_{max}$ 相对于 Yogou 组略微低，部分烃源岩样品 $T_{max}$ 甚至低于 400℃，明显处于未熟阶段，而埋深较大的 Dinga D-1 井的样品 $T_{max}$ 值明显偏高，最大可达 450℃，进入生油高峰阶段。

### （三）分子标志物成熟度参数

Dibeilla-1 井烃源岩样品包括 Yogou 组和 Sokor 组，Sokor 组 1206～1230m 样品的 $C_{32}$ 藿烷 22S/（22S+22R）值低，为 0.34，明显未进入大量生烃阶段（图 4-13）。

Dinga D-3 井 Sokor 组烃源岩样品中 $C_{32}$ 藿烷 22S/（22S+22R）成熟度值为 0.43～0.64。埋深为 2388～2412m 的样品，其 $C_{32}$ 藿烷 22S/（22S+22R）值为 0.43，尚未达到开始生烃阶段，而埋深为 2588～2596m 的烃源岩样品，其 $C_{32}$ 藿烷 22S/（22S+22R）值达到 0.57，达到了平衡点，表明有机质进入了大量生烃阶段。所以可以大致判断，Dinga D-3 井 Sokor 组烃源岩有机质开始进入大量生油阶段的深度大致为 2500m（图 4-14）。

基于 $C_{32}$ 藿烷 22S/（22S+22R）异构化参数分析可知，研究区 Yogou 组埋深超过 2000m 的样品 22S/（22S+22R）比值较高，大多已经进入大量生油阶段，而部分埋深小于 2000m 的 Yogou 组烃源岩成熟度较低，仍处于低成熟阶段。而 Dibeilla-1 井和 Dinga D-3 井 Sokor 组烃源岩样品 $C_{32}$ 藿烷 22S/（22S+22R）比值大多小于 0.50，尚未进入大量生油阶段，仅 Dinga D-3 井埋深为 2588～2596m 的烃源岩样品，其 $C_{32}$ 藿烷 22S/（22S+22R）值达到 0.57，达到了平衡点，表明有机质进入了大量生烃阶段。分析可知，Dibeilla-1 井位于斜坡带，Sokor 组埋深较浅，成熟度低，而凹陷中心可能存在较高成熟度的烃源岩。

## 第五节　烃源岩分子标志物及碳同位素组成特征

### 一、正构烷烃与无环类异戊二烯烷烃

长链正构烷烃（$>nC_{25}$）常常指示陆源高等植物输入，而短链正构烷烃（$<nC_{20}$）通常与藻类和一些微小的低等水生生物有关。以陆源高等植物输入为主的有机质，其饱和烃色谱图上正构烷烃呈现后峰型分布；而以藻类等低等水生生物贡献为主的有机质，其饱和烃色谱图上正构烷烃呈现"前峰型"分布；具陆源高等植物和低等水生生物双重贡献的有机质，饱和烃色谱图上正构烷烃则呈现"双峰型"分布。另外，基于化合物色谱峰面积计算的正构烷烃指数，碳优势指数（CPI）和奇偶优势指数（OEP），也可以指示有机质母质输入，高 CPI 值（CPI>1.0）和 OEP 值（OEP>1.0）代表奇碳优势明显，可能指示有机质的母质来源主要为陆生植物。

无环类异戊二烯烷烃主要是指姥鲛烷和植烷两个同系物。姥鲛烷与植烷最丰富的来源是光合生物中叶绿素 a 以及紫硫细菌中细菌叶绿素 a 和 b 的植基侧链。在还原或缺氧的沉积环境中，有利于植基侧链的断裂生成植醇，植醇再被还原为二氢植醇，最后形成植烷。另外，偏氧化的沉积环境中，植醇优先被转化成姥鲛烷，其具体过程为植醇先被氧化为植酸，植酸脱羧基形成姥鲛烯，再还原为姥鲛烷。因此，在油气地球化学中，姥鲛烷/植烷（Pr/Ph）是能够反映烃源岩沉积时水体氧化还原性的重要地球化学参数。当Pr/Ph 值小于 1.0 时，表明烃源岩处于缺氧/还原的沉积环境，或高盐/碳酸盐岩沉积环境；而 Pr/Ph 值大于 3.0 时，可反映氧化条件下陆源有机质的输入。

本次研究以 Yogou N-1 井和 Dinga D-3 井为例，对白垩系 Yogou 组和古近系 Sokor 组烃源岩中生物标志化合物组成特征进行了系统的分析。

### （一）白垩系 Yogou 组

图 4-16 为 Yogou N-1 井 Yogou 组烃源岩有机质饱和烃色谱图，所有样品正构烷烃系列分布完整。总体来看，多显示低碳数优势分布，但在埋深较浅时，也呈现微弱的以前峰为主峰的双峰态前峰型分布型式（图 4-16a、b）。

石油及沉积有机质中正构烷烃的分布受有机质母质来源和成熟度的影响，细菌和藻类生物来源的有机质中低碳数正构烷烃含量丰富，碳数分布范围较窄，比如蓝绿藻来源的沉积有机质中正构烷烃以 $C_{14} \sim C_{19}$ 占优势。而以 $C_{27}$、$C_{29}$、$C_{31}$ 为主峰且该区间具有明显奇偶优势，则一般认为来自高等植物蜡。随成熟度增加，低碳数正构烷烃相对含量增加。从 Yogou N-1 井 Yogou 组正构烷烃分布看，母质来源主要为藻类等低等水生生物。而埋深较浅的两个样品（图 4-16a、b），其有机质中可能混入一定的高等植物来源的有机质。

所有样品都检测出丰富的姥鲛烷和植烷系列（图 4-16）。2514~2538m 深度的样品，烃源岩样品具有明显的姥鲛烷含量优势，Pr/Ph 值高于其他样品，为 2.28。其他样品具有植烷优势，或者植烷姥鲛烷均势，Pr/Ph 值为 1.06~1.20。

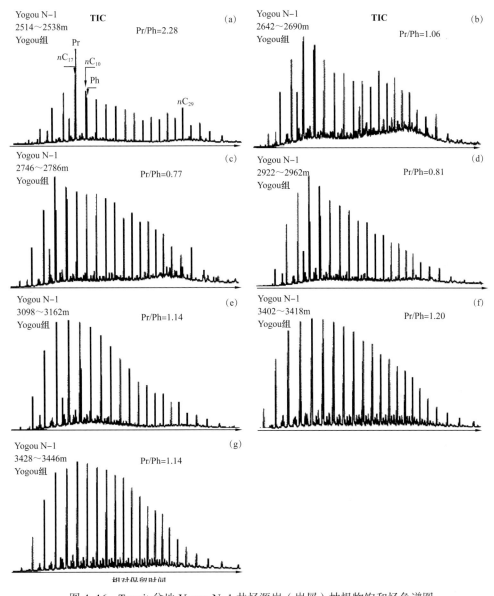

图 4-16 Termit 盆地 Yogou N-1 井烃源岩（岩屑）抽提物饱和烃色谱图

姥鲛烷和植烷为代表的植烷系列类异戊二烯烷烃广泛存在于石油和沉积有机质中，被认为主要来自光合生物的叶绿素。在偏氧化的沉积环境中，易形成姥鲛烷，在偏还原的环境中，易生成植烷，故而可以利用姥鲛烷和植烷的相对含量（Pr/Ph）来表征烃源岩有机质沉积环境的氧化还原性。一般而言，该参数值低于 1.0，往往指示偏还原的沉积环境，高于 2.5 则指示偏氧化的沉积环境。

Yogou N-1 井烃源岩样品中，除 2514m 的样品的 Pr/Ph 值相对较高以外，其余样品的 Pr/Ph 值均低于 1.20，指示 Yogou N-1 井烃源岩有机质的沉积环境为弱还原—还原的沉积环境。

## （二）古近系 Sokor 组

从 Dinga D-3 井烃源岩抽提物饱和烃总离子流图上（图 4-17），Sokor1 组烃源岩有机质正构烷烃分布完整，除 2388～2412m 样品，正构烷烃呈双峰态后峰型，以 $C_{27}$ 为主峰碳以外，其余样品主要为单峰态后峰型或双峰态前峰型。高碳数正构烷烃略呈奇偶优势，表明 Dinga D-3 井 Sokor 组烃源岩有机质组成主要为藻类等低等水生生物，但不同

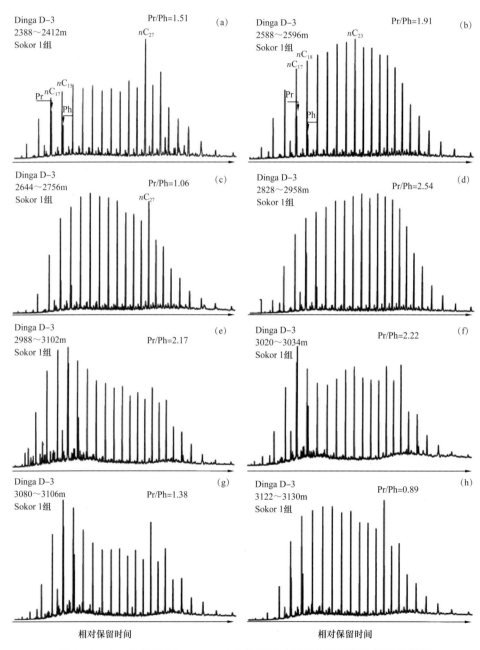

图 4-17　Termit 盆地 Ding Deep-3 井烃源岩（岩屑）抽提物饱和烃色谱图

于前述 Yogou N–1 井 Yogou 组烃源岩，高分子量正构烷烃含量较高，表明 Sokor1 组烃源岩有机质中具有一定量高等植物来源有机质的贡献。不同于 Yogou 组，Dinga D–3 井 Sokor 组烃源岩，除个别样品外（图 4–17c、h），大部分样品的 Pr/Ph 值偏高，最高位 2.54，一般大于 1.5，平均值为 1.71，具有姥鲛烷优势，显示为偏氧化的沉积环境。

## 二、三环萜烷及五环三萜类化合物

三环萜烷系列化合物（tricyclic terpanes）普遍存在于原油和烃源岩抽提物中，是饱和烃组分中重要的组成部分，其主要的碳数分布范围为 $C_{19}$～$C_{29}$。关于三环萜烷系列化合物的生物前驱物，可能来源于原生动物的细胞膜，认为三环己异戊二烯醇（hexaprenol）是其前驱物（Ourisson 等，1982），同时藻类也可能是其来源（Aquino Neto 等，1983；Volkman，1989）。此外，也有证据表明 $C_{19}$ 和 $C_{20}$ 三环萜烷可能来自高等植物。一般而言，来自海相烃源岩有机质的原油，以 $C_{23}$ 三环萜烷占优势，而陆源有机质成因原油的 $C_{19}$ 和 $C_{20}$ 三环萜烷更丰富些（Aquino Neto 等，1983；肖洪等，2019）。来自碳酸盐岩的石油和沉积有机质，$C_{26}$ 以上三环萜烷丰度较低，而来自其他环境的原油和沉积有机质中 $C_{26}$～$C_{30}$ 与 $C_{19}$～$C_{25}$ 丰度大致相近（Aquino Neto 等，1983）。由此可知，三环萜烷系列化合物的相对含量和相关参数可提供大量的地质及地球化学信息，逐渐被广泛地应用于油—油对比和油—源对比研究。

五环三萜类化合物包括藿烷、莫烷、伽马蜡烷、奥利烷等。其中，藿烷类化合物主要来源于细菌细胞膜，长侧链的藿烷（$C_{31}$ 及以上）与细菌中特定的细菌藿烷聚醇有关，如细菌藿烷四醇，而较低碳数的假同系物（$C_{30}$ 及以下）则可能与 $C_{30}$ 前驱物有关，如在几乎所有产藿烷类化合物的细菌中发现的里白烯或里白醇。其中，升藿烷系列的分布特征往往有助于评价烃源岩的沉积环境的氧化还原条件，且可以用于进行油源对比分析。另外，石油和沉积有机质中的伽马蜡烷来自四膜虫醇，四膜虫醇是某些原生动物、光合细菌和其他生物细胞膜中取代甾类化合物的类脂化合物。伽马蜡烷普遍存在于石油中，但高丰度的伽马蜡烷往往指示有机质沉积时还原和超盐度的分层水体。其次，奥利烷是母源输入的地质年代标记物，对白垩系或更年轻的地层的高等植物具有很强的专属性。

### （一）白垩系 Yogou 组

在本次所检测的 Yogou N–1 井烃源岩样品中，三环萜烷相对含量较低，藿烷系列含量丰富，包括 $C_{29}$～$C_{35}$ αβ 藿烷系列，以 $C_{30}$ αβ 藿烷系列为主峰，从 $C_{29}$ αβ 藿烷次之，从 $C_{31}$ 到 $C_{35}$ αβ 藿烷，丰度逐渐降低（图 4–18）。

高于 $C_{31}$ 的升藿烷系列由于 C–22 位存在非对称中心，产生 R 和 S 构型的异构体，生物体构型为 R 构型，热稳定性低，随着有机质的热演化，逐渐转化为热稳定性高的 S 构型，在镜质组反射率 $R_o$ 为 0.6% 左右时，达到平衡点，22S/（22S+22R）的比值在

0.50～0.54 范围内的样品刚刚进入生油阶段，而当比值在 0.57～0.62 之间时表明样品已达到或超出生油的主要时期。在本次所检测的 Yogou N-1 井烃源岩样品中，除深度2514～2538m 的样品为 0.52 以外（图 4-18a），其余样品的 $C_{32}$ 藿烷 22S/（22S+22R）值都大于 0.54，表明埋深超过 2500m 的烃源岩样品，都进入大量生油阶段。

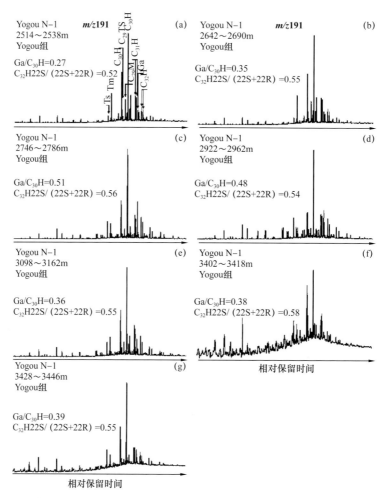

图 4-18　Termit 盆地 Yogou N-1 井 Yogou 组烃源岩（岩屑）抽提物萜烷类生物标志化合物分布图

在本次所分析的 Yogou N-1 井烃源岩样品中，伽马蜡烷的相对含量较高，伽马蜡烷指数（伽马蜡烷 /$C_{30}$ 藿烷）为 0.27～0.51，指示 Yogou N-1 井 Yogou 组烃源岩有机质沉积于还原性的高盐度和分层的水体（图 4-18），这与前述姥鲛烷和植烷组成判识的沉积环境氧化还原性的结论是一致的。

## （二）古近系 Sokor 组

Dinga D-3 井烃源岩样品中以 $m/z$ 191 为基峰的三环萜烷相对含量较低，五环三萜烷分布系列中以 $C_{30}\alpha\beta$ 藿烷系列为主，$C_{32}$ 以上的升藿烷含量较低（图 4-19）。

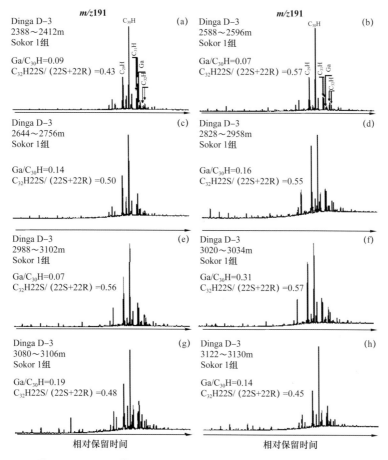

图 4-19　Termit 盆地 Dinga D-3 井 Sokor 组烃源岩（岩屑）抽提物萜烷类生物标志化合物分布图

　　$C_{32}$ 藿烷 22S/（22S+22R）成熟度值为 0.43～0.64。埋深为 2388～2412m 的样品，其 $C_{32}$ 藿烷 22S/（22S+22R）值为 0.43（图 4-19），尚未达到开始生烃阶段的 0.50，而埋深为 2588～2596m 的样品（图 4-19b），其 $C_{32}$ 藿烷 22S/（22S+22R）值达到 0.57，达到了平衡点，表明有机质进入了大量生烃阶段所以可以大致判断，Dinga D-3 井 Sokor 组烃源岩有机质开始进入大量生油阶段的深度大致为 2500m。3080～3106m 和 3122～3130m 两个样品的的参数值反而降低为 0.48 和 0.45（图 4-19g、h），明显不符合规律，可能是岩屑样品掉块或者遭受污染所致。在 Dinga D-3 井烃源岩样品中，伽马蜡烷含量较低，伽马蜡烷 /$C_{30}$ 藿烷的值在 0.07～0.19（图 4.19），明显低于前述 Yogou N-1 井 Yogou 组烃源岩，表明 Sokor 组烃源岩有机质沉积水体的咸度和还原性低于 Yogou 组，这与前述较高的 Pr/Ph 值是一致的。

## 三、甾萜类生物标志化合物

　　规则甾烷（$C_{27}$～$C_{29}$）在一定程度上可反映真核生物与原核生物的相对输入。规则甾烷 /17α- 藿烷反映真核生物（主要是藻类和高等植物）与原核生物（主要是细菌）对烃源岩的贡献。一般而言，甾烷含量高和甾烷 / 藿烷值高（＞1.0）是海相有机质输入的典型特征，有机质主要来源于浮游生物或底栖藻类（Moldowan 等，1985）。反之，低含量的甾烷和低甾烷 / 藿烷值则更多指示陆生的或经微生物改造的有机质。另外，Huang 和 Meinschein（1979）提出 $C_{27} \sim C_{29}$ 规则甾烷相对含量及分布三角图用于区分不同沉积环境，判识不同的生态系统，被广泛应用于原油和烃源岩之间的亲源关系分析，即油—油对比和油—源对比分析。

### （一）白垩系 Yogou 组

图 4-20 为 Termit 盆地 Yogou N-1 井烃源岩甾烷类生物标志物分布图，Yogou N-1 井烃源岩甾烷大都呈现为 $C_{27} > C_{28} < C_{29}$ 的不对称"V"字形或反"L"形分布，$C_{29}$ 甾烷相对含量较高。地质背景分析可知，Yogou 组属于海相沉积，应以低等水生生物贡献为主，因此不能仅仅依据 $C_{29}$ 甾烷的分布特征来判断生物来源以高等植物为主。前人研究指出，除了高等植物之外，绿藻也可以作为 $C_{29}$ 甾烷的生物来源，因此 $C_{29}$ 甾烷优势可

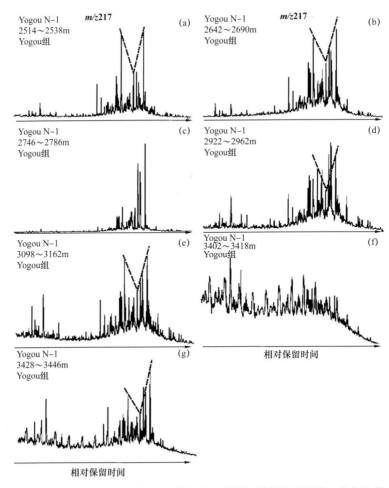

图 4-20　Termit 盆地 Yogou N-1 井 Yogou 组烃源岩（岩屑）抽提物甾烷类生物标志化合物分布图

能为绿藻的贡献。另外，3402～3418m 深度的样品甾烷浓度较低，低于检测限，*m/z* 217 质量色谱图信噪比较低，不能对甾烷类生化合物标志物进行准确鉴定。此外，Yogou N-1 井甾烷组成另一个特征是 4- 甲基甾含量很低，或者没有检测出（图 4-20）。

### （二）古近系 Sokor 组

Dinga D-3 井古近系 Sokor 组烃源岩饱和烃中甾烷系列呈现为 $C_{27}>C_{28}<C_{29}$ 的不对称"V"字形分布，并且 $C_{27}$ 甾烷具有一定的优势（图 4-21），完全不同于 Yogou N-1 井 Yogou 组烃源岩中 $C_{27}～C_{29}$ 规则甾烷的分布特征。除此之外，Sokor 组烃源岩抽提物普遍含有较高的 $C_{30}$ 4- 甲基甾，高含量的 4- 甲基甾往往指示淡水环境中的沟鞭藻生物来源有机质贡献。

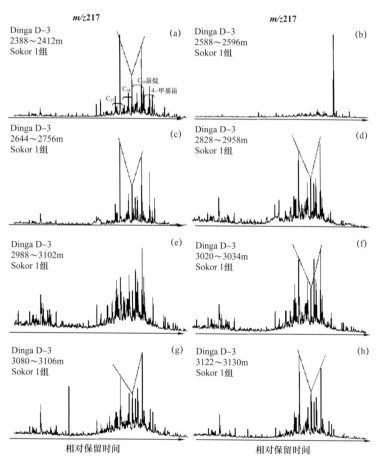

图 4-21　Termit 盆地 Dinga D-3 井 Sokor 组烃源岩（岩屑）抽提物甾烷类生物标志化合物分布图

### 四、甲基三芳甾烷和三芳甲藻甾烷

石油和沉积有机质中的三芳甲藻甾烷和甲基三芳甾烷可能是对应的甲藻甾烷和甲基甾烷逐步芳构化而来。甲基三芳甾系列由多个异构体组成，其分布型式可以作为油—油、油—岩对比的依据。

三芳甲藻甾烷，属于甲藻甾烷的芳构化的产物，甲藻甾烷则是沟鞭藻属藻类的特定生物标志物。据研究，作为甲藻甾类烃即甲藻甾烷和三芳甲藻甾烷生物化学先质的甲藻甾醇几乎是唯一由沟鞭藻衍生的，这种甲藻甾烷与沟鞭藻之间的亲缘关系几乎可将其作为证明沟鞭藻存在的生物分子化石。

### （一）白垩系 Yogou 组

常规的芳烃色谱—质谱分析，Termit 盆地原油和沉积有机质中检测出一定含量的甲基三芳甾烷和三芳甲藻甾烷。Yogou N-1 井 Yogou 组烃源岩样品中，都具有较高的三芳甲藻甾烷和甲基三芳甾烷含量，其中三芳甲藻甾烷（图 4-22）相对含量明显高于甲基三芳甾烷。通常，用三芳甲藻甾指数 TDSI 表示三芳甲藻甾烷的相对含量［TDSI 定义为：三芳甲藻甾/（三芳甲藻甾 +4- 甲基 -24- 乙基三芳甾）］，研究区 Yogou N-1 井 Yogou 组烃源岩抽提物中具有较高的 TDSI 值，为 0.60～0.74。

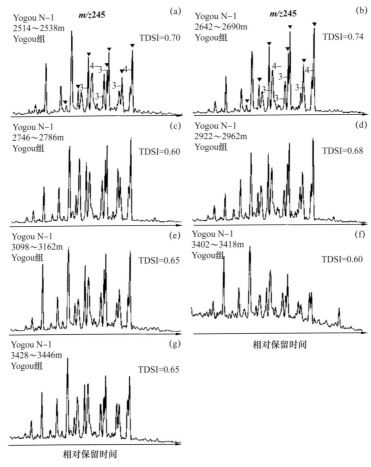

图 4-22　Termit 盆地 Yogou N-1 井烃源岩（岩屑）抽提物甲基三芳甾分布图

注：带"▼"的化合物为三芳甲藻甾烷，3- 和 4- 分别为 3- 甲基三芳甾烷和 4- 甲基三芳甾烷

### （二）古近系 Sokor 组

图 4-23 为 Dinga D-3 井 Sokor 组有机质甲基三芳甾烷和三芳甲藻甾烷的组成特征，可以看出 Dinga D-3 井 Sokor 组烃源岩也含有相当含量的甲基三芳甾和三芳甲藻甾烷。但三芳甲藻甾烷含量明显低于 4- 甲基和 3- 甲基三芳甾烷的相对含量，三芳甲藻甾指数 TDSI 的值在 0.30～0.55，远远低于 Yogou 组烃源岩中三芳甲藻甾烷相对含量。

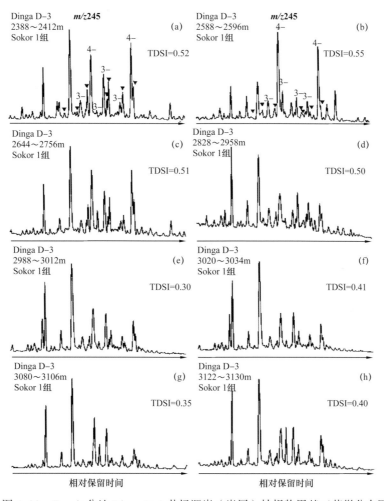

图 4-23　Termit 盆地 Dinga D-3 井烃源岩（岩屑）抽提物甲基三芳甾分布图

## 五、稳定碳同位素组成

通常认为，沉积岩中有机质碳同位素主要取决于它的前驱物的碳同位素组成，来源于藻类等低等水生生物形成的有机质的碳同位素组成较轻，一般小于 -28.0‰，而来源于陆源高等植物的有机质的碳同位素组成较重，一般大于 -26.0‰。沉积有机质在沉积—成岩—热演化过程中，碳同位素受物理、化学和生物的作用而发生分馏，一般来讲，随着沉积有机质氯仿沥青中饱和烃、芳香烃、非烃和沥青质化学族组分极性的增大，其碳同位素 $\delta^{13}C$ 会逐渐变重，即 $\delta^{13}C_{饱和烃}<\delta^{13}C_{芳香烃}<\delta^{13}C_{非烃}<\delta^{13}C_{沥青质}$。原油或者氯仿沥青的 $\delta^{13}C$ 值介于饱和烃和芳烃组分之间。

图 4-24 为 Termit 盆地烃源岩氯仿沥青及族组分、干酪根碳同位素分布曲线。从氯仿沥青组分的碳同位素组成来看，Termit 盆地 Sokor 组烃源岩具有明显偏重的碳同位素值，$\delta^{13}C_{饱和烃}$ 值的分布范围为 –27.2‰～–25.7‰，平均值为 –27.2‰；$\delta^{13}C_{氯仿沥青}$ 值的分布范围为 –28.2‰～–26.1‰，平均值为 –27.1‰；$\delta^{13}C_{芳香烃}$ 值的分布范围为 –27.9‰～–25.9‰，平均值为 –26.8‰；$\delta^{13}C_{非烃}$ 值的分布范围为 –28.1‰～–26.3‰，平均值为 –27.1‰；$\delta^{13}C_{沥青质}$ 值的分布范围为 –26.9‰～–25.2‰，平均值为 –26.3‰；$\delta^{13}C_{干酪根}$ 值的分布范围为 –26.8‰～–23.6‰，平均值为 –25.0‰，符合 $\delta^{13}C_{饱和烃}<\delta^{13}C_{氯仿沥青}<\delta^{13}C_{芳香烃}<\delta^{13}C_{非烃}<\delta^{13}C_{沥青质}<\delta^{13}C_{干酪根}$ 的规律。

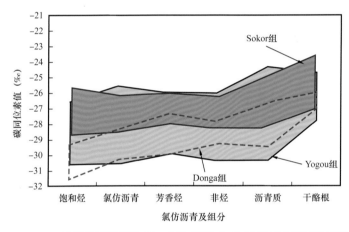

图 4-24　Termit 盆地烃源岩干酪根、氯仿沥青 "A" 及族组分碳同位素分布图

研究区 Yogou 组烃源岩中 $\delta^{13}C_{饱和烃}$ 值的分布范围为 –30.6‰～–26.4‰，平均值为 –28.8‰；$\delta^{13}C_{氯仿沥青}$ 值的分布范围为 –30.4‰～–25.6‰，平均值为 28.0‰；$\delta^{13}C_{芳香烃}$ 值的分布范围为 –29.9‰～–25.9‰，平均值为 –27.6‰；$\delta^{13}C_{非烃}$ 值的分布范围为 –30.1‰～–26.0‰，平均值为 –27.9‰；$\delta^{13}C_{沥青质}$ 值的分布范围为 –30.3‰～–24.4‰，平均值为 –26.8‰；$\delta^{13}C_{干酪根}$ 值的分布范围为 –28.0‰～–24.7‰，平均值为 –26.0‰，基本符合 $\delta^{13}C_{饱和烃}<\delta^{13}C_{氯仿沥青}<\delta^{13}C_{芳香烃}<\delta^{13}C_{非烃}<\delta^{13}C_{沥青质}<\delta^{13}C_{干酪根}$ 的规律。

研究区 Donga 组烃源岩中 $\delta^{13}C_{饱和烃}$ 值的分布范围为 –31.5‰～–29.3‰，平均值为 –30.2‰；$\delta^{13}C_{氯仿沥青}$ 值的分布范围为 –30.4‰～–28.4‰，平均值为 –29.3‰；$\delta^{13}C_{芳香烃}$ 值的分布范围为 –29.9‰～–27.2‰，平均值为 –28.2‰；$\delta^{13}C_{非烃}$ 值的分布范围为 –29.3‰～–27.9‰，平均值为 –28.5‰；$\delta^{13}C_{沥青质}$ 值的分布范围为 –29.5‰～–26.6‰，平均值为 –27.9‰；$\delta^{13}C_{干酪根}$ 值的分布范围为 –27.0‰～–26.2‰，平均值为 –26.6‰，基本符合 $\delta^{13}C_{饱和烃}<\delta^{13}C_{氯仿沥青}<\delta^{13}C_{芳香烃}<\delta^{13}C_{非烃}<\delta^{13}C_{沥青质}<\delta^{13}C_{干酪根}$ 的规律。

相比而言，Sokor1 组烃源岩有机质碳同位素值偏正，Donga 组碳同位素值偏负

（图 4-24），Yogou 组碳同位素值分布范围较宽，总体比 Sokor 1 组碳同位素值低，而略高于 Yogou 组。

## 参 考 文 献

赖洪飞，李美俊，刘计国，等 . 2018. 强制海退体系域中烃源岩的类型与测井评价——以尼日尔 Termit 盆地为例［J］. 沉积学报，36（2）：390-400.

秦建中，钱志浩，曹寅，等 . 2005. 油气地球化学新技术新方法［J］. 石油实验地质，27（5）：519-528.

郳立言，顾信章，盛志纬 . 1986. 生油岩热解快速定量评价［M］. 北京：科学出版社 .

肖洪，李美俊，杨哲，等 . 2019. 不同环境烃源岩和原油中 $C_{19}\sim C_{23}$ 三环萜烷的分布特征及地球化学意义［J］. 地球化学，48（02）：161-170.

Aquino Neto F R, Trendel J M, Restlé A, et al. 1983. Occurrence and formation of tricyclic terpanes in sediments and petroleums. In : Bjorøy, M., Albrecht, P., Cornford, C., de Groot, K., Eglinton, G., Galimov, E., Leythaeuser, D., Pelet, R., Rullkötter, J., Speers, G. (Eds.), Advances in Organic Geochemistry 1981. Wiley, Chichester, 659-667.

Espitalié J, Deroo G, Marquis F. 1985. La pyrolyse Rock-Eval et ses applications［J］. Rev. Inst. Fr. Pétrol, 40（5）：563-579.

Huang W Y, Meinschein W G. 1979. Sterols as ecological indicators［J］. Geochimica et cosmochimica acta, 43（5）：739-745.

Lai H, Li M, Liu J, et al. 2018. Organic geochemical characteristics and depositional models of Upper Cretaceous marine source rocks in the Termit Basin, Niger［J］. Palaeogeography, palaeoclimatology, palaeoecology, 495：292-308.

Lai H, Li M, Liu J, et al. 2020. Source rock assessment within a sequence stratigraphic framework of the Yogou Formation in the Termit Basin, Niger［J］. Geological Journal, 55.

Moldowan J M, Seifert W K, Gallegos E J. 1985. Relationship between petroleum composition and depositional environment of petroleum source rock［J］. AAPG Bulletin, 69：1255-1268.

Ourisson G, Albrecht P, Rohmer M. 1982. Predictive microbial biochemistry — From molecular fossils to procaryotic membranes［J］. Trends Biochem Sci, 7（7）：236-239.

Passey Q R, Creaney S, Kulla J B, et al. 1990. A practical model for organic richness from porosity and resistivity logs［J］. AAPG bulletin, 74（12）：1777-1794.

Peters K E, Cassa M R. 1994. Applied source rock geochemistry［J］. In : Magoon, L.B., Dow, W.G. (Eds.), The Petroleum System-From Source to Trap. AAPG Memoir, 60：93-115.

Tissot B P, Welte D H. 1984. Petroleum Formation and Occurrence［M］. Springer-Verlag.

Volkman J K, Banks M R, Denwer K, et al. 1989. Biomarker composition and depositional setting of Tasmanite oil shale from northern Tasmania, Australia［C］. 14th international meeting on organic geochemistry, Paris. 18-22.

# 第五章　原油地球化学特征及族群划分

根据原油的物性和地球化学特征，特别是分子标志物组成的对比分析，可以确定与原油相关的烃源岩有机质生物构成、沉积环境以及热演化程度，根据分子地球化学组成，进行精细油—油对比，进而划分原油族群。原油族群的划分不但是明确油气运移方向和充注途径示踪的前提，也是确定一个含油气盆地油气来源和成因类型的重要依据。本章主要基于 Termit 盆地代表性原油样品，系统进行地球化学实验分析，对原油分子地球化学组成进行了详细剖析，并在此基础上划分了原油族群。

## 第一节　原油基本特征

### 一、物性特征

根据中国原油物理性质类型划分标准（表 5–1），中西非裂谷系 Termit 盆地原油以密度中等的中质油为主（0.87～0.92g/cm³，相当于 30～22°API），部分为轻质油（<0.87g/cm³，相当于>30°API）和重油（密度>0.92g/cm³，相当于<22°API）（表 5–2）。本次研究共分析了 23 件原油样品，总体来看，原油密度随油藏埋深增加而降低。例如 Araga 地堑 Ouissoui–1 井，始新统 Sokor1 组油藏 E2 油组（1243.52～1255m）原油密度达 0.9297g/cm³，为重油，而同一口井的上白垩统 Yogou 组（2484～2486m）为密度较低的轻质油（0.8665～0.8649g/cm³）。再如 Moul 凹陷的 Bamm E–1 井和 Bamm–1 井，从 E2 油组到 E4 油组，油藏埋深从 1520.2～1777m，原油密度从 0.9297g/cm³ 降低至 0.8524g/cm³，表明原油物性主要与油藏的保存条件相关。

表 5–1　原油按照物理性质分类表

| 物性 | 划分标准 | 原油类型 | 物性 | 划分标准 | 原油类型 |
|---|---|---|---|---|---|
| 密度<br>（g/cm³） | <0.87 | 轻质油 | 含蜡量<br>（%） | <1.5 | 低蜡油 |
| | 0.87～0.92 | 中质油 | | 1.5～6.0 | 含蜡油 |
| | 0.92～1.00 | 重油 | | >6.0 | 高含蜡油 |
| | >1.00 | 超重油 | | | |
| 黏度<br>（mPa·s） | <5 | 低黏油 | 含硫量<br>（%） | <0.5 | 低硫油 |
| | 5～20 | 中黏油 | | 0.5～2.0 | 含硫油 |
| | >20 | 高黏油 | | >2.0 | 高硫油 |

表 5-2 尼日尔 Termit 盆地原油密度

| 样品序号 | 构造带 | 井号 | 深度（m） | 层位 | 重度（°API） | 密度（g/cm³） |
|---|---|---|---|---|---|---|
| 1 | Araga 地堑 | Oyou S-1D | 1043～1050 | E2 | 20.5 | 0.9309 |
| 2 | | Ouissoui-1 | 1243.52～1255 | E2 | 20.7 | 0.9297 |
| 3 | | Gabobl-1D | 1536～1555 | E5 | 22 | 0.9218 |
| 4 | | Ouissoui-1 | 2484～2486 | Yogou 组 | 31.8～32.1 | 0.8665～0.8649 |
| 5 | Yogou 斜坡 | Yogou W-1 | 2067.3～2069.3 | Yogou 组 | 38.6 | 0.8319 |
| 6 | | Yogou W-1 | 2156.9～2169.2 | Yogou 组 | 27.6 | 0.8894 |
| 7 | | Yogou W-1 | 2219.1～2227.4 | Yogou 组 | 34.7 | 0.8514 |
| 8 | | Yogou S-1 | 2493.5～2495.5 | Yogou 组 | 40 | 0.8251 |
| 9 | | Yogou S-1 | 2522.9～2528.4 | Yogou 组 | 23 | 0.9159 |
| 10 | Dinga 断阶带 | Ding Deep-2 | 2101.3～2113 | Sokor2 组 | 29.1～29.2 | 0.8811～0.8805 |
| 11 | | Dinga-1 | 2108.4～2114.7 | E0 | 38.4 | 0.8328 |
| 12 | | Tairas-1 | 2680.2～2694.1 | E0 | 34.3 | 0.8534 |
| 13 | | Tamaya-2ST | 984.20～997.5 | E2 | 21 | 0.9279 |
| 14 | | Sokor-7 | 1826～1835 | E2 | 26.2 | 0.8973 |
| 15 | | Goumeri-3 | 2568～2571 | E2 | 30 | 0.8762 |
| 16 | | Goumeri-3 | 2720～2725 | E3 | 34.6 | 0.8519 |
| 17 | | Tairas-1 | 3059.4～3066.5 | E3 | 35～35.2 | 0.8498 |
| 18 | Moul 凹陷 | Bamm-1 | 1520.2～1535.7 | E2 | 20.7～23 | 0.9297～0.9159 |
| 19 | | Bamm E-1 | 1637.1～1648.1 | E2 | 26.5～26.8 | 0.8956～0.8939 |
| 20 | | Bamm-1 | 1773.8～1777 | E4 | 34.1～34.5 | 0.8545～0.8524 |
| 21 | Fana 低凸起 | Koulele-1 | 1403～1409 | E3 | 22.7 | 0.9176 |

## 二、族组分特征

本次研究共分析 Araga 地堑 3 口井 4 件原油样品，原油族组成以饱和烃和芳香烃为主（表 5-3），二者的含量分别为 58.6%～60.3% 和 12.2%～20.9%，饱芳比值为 2.9～4.8，"非烃＋沥青质"含量为 18.8%～29.3%。

Yogou 斜坡共分析了 3 口井 6 件原油样品，同样以饱和烃和芳香烃为主，二者一共占 68.5%～80.4%，其中饱和烃含量为 44.4%～68.4%，饱芳比值为 1.8～6.3，"非烃 + 沥青质"含量为 19.6%～31.5%。

Dinga 断阶带共分析了 7 口井 9 件原油样品，饱和烃含量为 43.4%～69.2%，芳香烃含量为 10.7%～24.9%，二者一共占 66.5%～91.1%，饱芳比值为 1.7～7.5，"非烃 + 沥青质"含量为 8.9%～33.5%。

Moul 凹陷分析了 2 口井 3 件原油样品，饱和烃含量为 56.4%～64.8%，总烃含量为 73.7%～79.4%，饱芳比值为 3.3～4.4，"非烃 + 沥青质"含量 20.6%～26.3%。

Fana 低凸起的 Koulele-1 井，饱和烃含量为 58.9%，非烃含量为 20.8%，饱芳比值为 2.8，"非烃 + 沥青质"含量为 20.3%。

总的来看，Termit 盆地原油具有高饱和烃和芳香烃含量、低非烃和沥青质含量的特征（表 5-3）。

表 5-3　尼日尔 Termit 盆地原油族组成

| 构造带 | 井号 | 深度（m） | 层位 | 饱和烃（%） | 芳香烃（%） | 非烃（%） | 沥青质（%） | 非烃 + 沥青质（%） | 饱芳比 |
|---|---|---|---|---|---|---|---|---|---|
| Araga 地堑 | Oyou S-1D | 1043～1050 | E2 | 60.3 | 20.9 | 15.6 | 3.2 | 18.8 | 2.9 |
| | Ounissoui-1 | 1243.52～1255 | E2 | 59.6 | 20.8 | 14.7 | 5.0 | 19.6 | 2.9 |
| | Gabobl-1D | 1536～1555 | E5 | 58.0 | 18.9 | 17.5 | 5.6 | 23.1 | 3.1 |
| | Ouissoui-1 | 2484～2486 | Yogou 组 | 58.6 | 12.2 | 11.6 | 17.7 | 29.3 | 4.8 |
| Yogou 斜坡 | Abolo W-1 | 1095～1099 | E1 | 44.4 | 24.1 | 19.1 | 12.4 | 31.5 | 1.8 |
| | Yogou W-1 | 2067.3～2069.3 | Yogou 组 | 55.3 | 16.9 | 16.4 | 11.4 | 27.9 | 3.3 |
| | Yogou W-1 | 2156.9～2169.2 | Yogou 组 | 68.4 | 10.9 | 11.5 | 9.3 | 20.8 | 6.3 |
| | Yogou W-1 | 2219.1～2227.4 | Yogou 组 | 56.7 | 17.0 | 20.6 | 5.7 | 26.3 | 3.3 |
| | Yogou S-1 | 2493.5～2495.5 | Yogou 组 | 60.8 | 19.6 | 13.4 | 6.2 | 19.6 | 3.1 |
| | Yogou S-1 | 2522.9～2528.4 | Yogou 组 | 49.3 | 20.9 | 16.4 | 13.4 | 29.9 | 2.4 |
| Dinga 断阶带 | Ding Deep-2 | 2101.3～2113 | Sokor2 组 | 48.6 | 18.0 | 15.5 | 18.0 | 33.5 | 2.7 |
| | Dinga-1 | 2108.4～2114.7 | E0 | 62.4 | 15.4 | 8.4 | 13.8 | 22.2 | 4.0 |
| | Tairas-1 | 3059.4～3066.5 | E3 | 69.2 | 13.5 | 12.2 | 5.1 | 17.3 | 5.1 |
| | Tamaya-2ST | 984.20～997.5 | E2 | 54.3 | 22.5 | 18.3 | 5.0 | 23.3 | 2.4 |
| | Sokor-7 | 1826～1835 | E2 | 63.5 | 15.1 | 16.6 | 4.8 | 21.5 | 4.2 |

| 构造带 | 井号 | 深度（m） | 层位 | 饱和烃（%） | 芳香烃（%） | 非烃（%） | 沥青质（%） | 非烃+沥青质（%） | 饱芳比 |
|--------|------|-----------|------|-------------|-------------|-----------|-------------|------------------|--------|
| Dinga 断阶带 | Goumeri-3 | 2568～2571 | E2 | 69.6 | 12.8 | 13.9 | 3.8 | 17.7 | 5.4 |
| | Goumeri-3 | 2720～2725 | E3 | 80.4 | 10.7 | 6.8 | 2.1 | 8.9 | 7.5 |
| | Tairas-1 | 2680.2～2694.1 | E0 | 65.2 | 12.1 | 8.1 | 14.6 | 22.8 | 5.4 |
| | Bokora-1 | 1468.00 | E4 | 43.4 | 24.9 | 19.6 | 12.2 | 31.7 | 1.7 |
| Moul 凹陷 | Bamm-1 | 1773.8～1777 | E4 | 64.8 | 14.6 | 12.4 | 8.2 | 20.6 | 4.4 |
| | Bamm E-1 | 1637.1～1648.1 | E2 | 60.4 | 15.6 | 16.0 | 8.0 | 24.0 | 3.9 |
| | Bamm-1 | 1520.2～1535.7 | E2 | 56.4 | 17.3 | 15.8 | 10.5 | 26.3 | 3.3 |
| Fana 凸起 | Koulele-1 | 1403～1409 | E3 | 58.9 | 20.8 | 14.1 | 6.3 | 20.3 | 2.8 |

# 第二节　分子标志物及稳定碳同位素分析

对原油饱和烃和芳香烃馏分进行了气相色谱和色谱—质谱分析，可以得到原油正构烷烃、无环类异戊二烯烃、甾萜类等分子标志物组成，以及多环芳香烃类分子标志物组成特征，根据这些化合物相关的地球化学参数，可以进行精细的油—油对比和原油族群划分。

## 一、正构烷烃及无环类异戊二烯烃系列

### （一）正构烷烃分布

图 5-1 至图 5-4 为 Termit 盆地部分代表性原油的饱和烃色谱图（总离子流图），主要反映原油正构烷烃和无环类异戊二烯烃（主要为姥鲛烷和植烷）分布特征，总体来看，尼日尔 Termit 盆地原油正构烷烃具有以下几种分布类型。

第 I 类原油的特征为正构烷烃系列分布完整，且丰度较高，碳数分布范围为 $nC_{13}$～$nC_{35}$，主峰碳数偏低，为 $nC_{15}$～$nC_{19}$，以 $nC_{17}$ 为主，不具明显的奇偶优势。正烷烃系列呈单峰态前峰型分布形式，反映轻分子量和重分子量正构烷烃相对含量大小的参数 $C_{21}$-/$C_{22}$+ 值一般都大于 1（表 5-4）。原油饱和烃色谱基线平直，几乎没有明显的鼓包（"UCM"：不可分辨的复杂混合物）（图 5-1）。

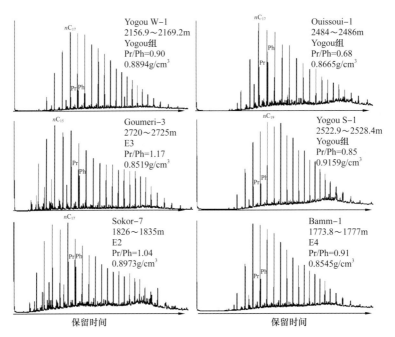

图 5-1　尼日尔 Termit 盆地原油饱和烃色谱图（第 I 类）

表 5-4　尼日尔 Termit 盆地原油样品饱和烃气相色谱参数

| 井号 | 深度（m） | 主峰碳 | $C_{21-}/C_{22+}$ | $(C_{21+}C_{22})/(C_{28}+C_{29})$ | Pr/Ph | $Pr/nC_{17}$ | $Ph/nC_{18}$ | CPI | OEP |
|---|---|---|---|---|---|---|---|---|---|
| Ouissoui-1 | 2484~2486 | $C_{17}$ | 1.21 | 2.55 | 0.68 | 0.54 | 0.83 | 1.04 | 1.16 |
| Gabobl-1D | 1536~1555 | $C_{32}$ | 0.64 | 1.40 | 0.70 | 1.26 | 1.79 | | |
| Ounissoui-1 | 1243.52~1255 | $C_{32}$ | 0.32 | 0.91 | 0.41 | 0.69 | 6.46 | | |
| Oyou S-1D | 1043~1050 | $C_{32}$ | 0.50 | 1.22 | 0.74 | 0.44 | 0.77 | 0.94 | |
| Yogou S-1 | 2522.9~2528.4 | $C_{21}$ | 0.89 | 2.65 | 0.85 | 0.34 | 0.34 | 0.97 | 1.15 |
| Yogou S-1 | 2493.5~2495.5 | $C_{19}$ | 1.21 | 2.81 | 0.81 | 0.20 | 0.24 | 1.03 | 1.02 |
| Yogou W-1 | 2219.1~2227.4 | $C_{19}$ | 0.98 | 2.57 | 0.73 | 0.21 | 0.25 | 1.01 | 1.01 |
| Yogou W-1 | 2156.9~2169.2 | $C_{17}$ | 1.39 | 3.07 | 0.90 | 0.19 | 0.22 | 1.06 | 1.10 |
| Yogou W-1 | 2067.3~2069.3 | $C_{19}$ | 0.97 | 2.65 | 0.81 | 0.19 | 0.20 | 1.06 | 1.02 |
| Abolo W-1 | 1095~1099 | $C_{21}$ | 0.89 | 2.65 | 0.85 | 0.34 | 0.34 | 0.97 | 1.15 |
| Ding Deep-2 | 2101.3~2113 | $C_{27}$ | 0.33 | 0.75 | 1.75 | 0.21 | 0.09 | 1.20 | 1.22 |
| Bokora-1 | 1468 | | | | | | | | |
| Tairas-1 | 3059.4~3066.5 | $C_{27}$ | 0.67 | 0.94 | 1.73 | 0.53 | 0.33 | 1.08 | 1.08 |
| Goumeri-3 | 2720~2725 | $C_{17}$ | 1.49 | 1.40 | 1.17 | 0.44 | 0.50 | 1.03 | 1.13 |

续表

| 井号 | 深度（m） | 主峰碳 | $C_{21-}/C_{22+}$ | $(C_{21+}C_{22})/(C_{28+}C_{29})$ | Pr/Ph | $Pr/nC_{17}$ | $Ph/nC_{18}$ | CPI | OEP |
|---|---|---|---|---|---|---|---|---|---|
| Goumeri–3 | 2568～2571 | $C_{17}$ | 1.93 | 1.92 | 0.85 | 0.49 | 0.83 | 0.84 | 1.23 |
| Sokor–7 | 1826～1835 | $C_{17}$ | 1.73 | 1.84 | 1.04 | 0.47 | 0.64 | 0.80 | 1.20 |
| Tamaya–2ST | 984.20～997.5 | $C_{31}$ | 0.72 | 1.14 | 0.71 | 1.54 | 1.94 | | |
| Tairas–1 | 2680.2～2694.1 | $C_{26}$ | 0.78 | 1.23 | 1.92 | 0.18 | 0.09 | 0.93 | 0.87 |
| Dinga–1 | 2108.4～2114.7 | $C_{26}$ | 0.62 | 1.26 | 1.85 | 0.08 | 0.04 | 0.88 | 0.87 |
| Bamm–1 | 1773.8～1777 | $C_{17}$ | 1.63 | 2.48 | 0.91 | 0.33 | 0.37 | 1.16 | 0.81 |
| Bamm–1 | 1520.2～1535.7 | $C_{31}$ | 0.28 | 0.31 | 0.50 | 3.50 | 4.62 | | |
| Bamm E–1 | 1637.1～1648.1 | $C_{31}$ | 0.14 | 0.16 | 0.81 | 8.52 | 11.66 | 0.96 | 1.34 |
| Koulele–1 | 1403～1409 | $C_{31}$ | 0.29 | 0.49 | 0.66 | 7.22 | 7.01 | | |

Termit 盆地大多数原油具有该种类型的分布样式。包括 Araga 地堑的 Ouissoui–1 井、Yogou 斜坡的 Yogou S–1 井和 Yogou W–1 井上白垩统 Yogou 组原油、Dinga 断阶的 Goumeri–3 井（E2、E3）、Sokor7 井（E2）和 Moul 凹陷的 Bamm–1 井（E4）始新统 Sokor1 组原油。这类原油密度普遍较低，大都低于 $0.92g/cm^3$，为轻质油和中质油（表 5–1）。

第 II 类原油正构烷烃分布样式是碳数分布范围大致为 $nC_{13}$～$nC_{35}$ 左右，色谱基线平直，没有明显的鼓包（图 5–2），但正构烷烃呈明显的双峰态后峰型分布特征，主峰碳数为 $nC_{27}$，反映轻分子量和重分子量正构烷烃相对含量大小的参数 $C_{21-}/C_{22+}$ 比值较低，为 0.33～0.78（表 5–4）。具有该类型分布样式的原油包括 Ding Deep–2 井 Sokor2 组、Dinga–1 井（E0）和 Tairas–1 井（E2、E3）Sokor1 组油藏（图 5–2）。该类型原油密度较低，密度 0.8328～0.8811$g/cm^3$ 以轻质油为主。

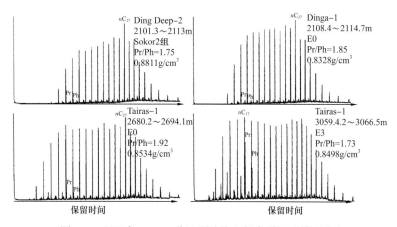

图 5–2　尼日尔 Termit 盆地原油饱和烃色谱图（第 II 类）

第Ⅲ类原油的正构烷烃分布样式不同于第Ⅰ、Ⅱ类原油，体现在正构烷烃相对丰度较低、分布不完整、峰态和峰型不明显。第Ⅲ类原油色谱基线略有鼓包，正构烷烃含量相对于无环类异戊二烯烃（姥鲛烷和植烷）较低，如 $nC_{17}$ 和 $nC_{18}$ 丰度分别低于姥鲛烷和植烷（图 5-3），表明原油遭受了一定程度的生物降解作用，正构烷烃略有损失，生物降解后生成的复杂产物在色谱图难以分开，在基线上形成鼓包。具有该分布特征的原油样品分别是 Araga 地堑的 Gabobl-1D 井（E5，1536~1555m）和 Oyou S-1D 井（E2，1043~1050m），Dinga 断阶的 Tamaya-2ST 井（E2，984.20~997.5m）。具有该分布类型的原油，密度普遍较高，为重质油。

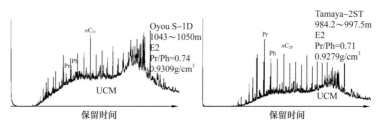

图 5-3 尼日尔 Termit 盆地原油饱和烃色谱图（第Ⅲ类）

第Ⅳ种类型的正构烷烃分布特征与第Ⅲ种类似，只是正构烷烃丰度更低或者完全损失，色谱基线有明显的鼓包，已无法根据正构烷烃的分布判断其峰态和峰型，在色谱图上以支链烷烃和无环类异戊二烯烃为主（图 5-4）。属于该分布类型的原油包括：Araga 地堑 Ouissoui-1 井（E2，1243.52~1255m）、Moul 凹陷的 Bamm-1 井（E2、1520.2~1535.7m）和 Bamm E-1（E2，1637.1~1648.1m）、Fana 低凸起 Koulele-1 井（E3，1403~1409m）。具有该分布样式的原油密度较高，除 Bamm E-1 井密度为 $0.8956g/cm^3$ 以外，其余的都是高于 $0.92g/cm^3$ 的重质油。

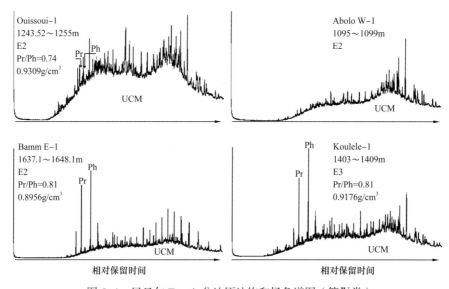

图 5-4 尼日尔 Termit 盆地原油饱和烃色谱图（第Ⅳ类）

原油正构烷烃的分布形式受烃源岩有机质类型、成熟度及原油次生变化等多种因素的影响。一般以低等水生生物、藻类等有机质为主的烃源岩，生成的石油中正构烷烃、低碳数正构烷烃含量较高，呈现前峰型的分布形式。而来自陆源高等植物的有机质生成的石油，以高碳数正构烷烃为主，而且呈现一定的奇偶优势。原油的成熟度也影响正构烷烃的分布形式，随成熟度升高，低碳数正构烷烃含量增加。原油的次生变化如生物降解，严重影响正构烷烃的分布形式，生物降解作用优先消耗低碳数正构烷烃，其他如天然气对油藏的气洗（气侵）作用，也影响原油的正构烷烃分布形式。

从Ⅰ和Ⅱ类原油正构烷烃分布样式看，其明显没有遭受生物降解作用等次生变化，据本章第三节原油成熟度分析，原油成熟度不存在太大的差异，因而正构烷烃分布样式主要反映烃源岩有机质组成的差异。类型Ⅰ原油烃源岩有机质主要为低等水生生物的贡献，而类型Ⅱ原油具有低等水生生物和高等植物的双重贡献的特征，因而正构烷烃表现为双峰态，而且高碳数正构烷烃呈现一定的奇偶优势（图5-2）。

具有第Ⅲ和第Ⅳ种分布类型的原油，油藏埋藏普遍较浅，一般低于1650m，最浅的Tamaya-2ST井，埋深不到1000m，因而原油密度和正构烷烃的分布样式可能受保存条件的影响。引起原油密度变化的主要因素包括母质类型、烃源岩有机质成熟度、油气运移及成藏以后的次生变化，对来自同一烃源灶、同期运移成藏的原油，次生变化是主要因素。引起原油次生变化的作用包括热蚀变、水洗、氧化和生物降解等，其中生物降解作用是最普遍、同时也是最重要的影响因素。一般而言，生物降解作用随油藏埋藏深度增加而减弱，主要是温度升高，营养物质、水循环和溶解氧的供应减弱等条件变化，不利于微生物的生存。理论上，生物降解作用影响的最高温度不超过80℃（大致相当于埋深1500m）。

从研究结果看，Termit盆地油藏埋深小于1650m时，原油普遍遭受一定程度的生物降解，而油藏埋深大于1650m时，生物降解作用影响很小。例如Bamm E-1井，埋深1637.1~1648.1 m的E2油组，原油遭受了微弱的生物降解作用，正构烷烃遭受一定程度的损失，姥鲛烷、植烷等非环状类异戊二烯烃丰度相对升高，色谱基线出现了微弱的"鼓包"（UCM）（图5-4），原油密度为0.8956g/cm$^3$，为中质油。Bamm-1井，埋深为1773.8~1777 m的E4油组，原油没有遭受生物降解作用，正构烷烃系列分布完整（图5-1），原油密度0.8545g/cm$^3$，为油品很好的轻质油。而埋深为1243.52~1635.7m的Ouissoui-1井E2油组原油，其正构烷烃系列损失殆尽，姥鲛烷、植烷等非环状类异戊二烯烃的丰度也明显降低，色谱基线"鼓包"非常明显（图5-4），原油密度为0.9309 g/cm$^3$，为高密度的重质油。

## （二）无环类异戊二烯烃分布

姥鲛烷和植烷是石油和沉积有机质中主要的无环类异戊二烯烃，其组成可以提供源岩有机质沉积环境、生物降解、母质类型等信息，并可用于油—油对比和油—源分析。

图5-1至图5-4显示了Termit盆地原油姥鲛烷和植烷分布特征。Termit盆地原油中普遍检测出较高丰度的姥鲛烷和植烷，在油气地球化学中，姥鲛烷/植烷（Pr/Ph）值是常

用的反映烃源岩沉积环境的重要地球化学参数，一般低于 1.0 可指示较还原的沉积环境，而大于 2.5 可指示偏氧化的沉积环境。上文根据正构烷烃分布特征，将 Termit 盆地原油划分成 4 类分布样式（图 5-1 至图 5-4）；而根据姥鲛烷和植烷分布特征，可将其再归为两种类型。类型 I、III 和 IV 原油的姥鲛烷 / 植烷（Pr/Ph）值较低，大都低于 1.0，而类型 II 原油姥鲛烷具有相对于植烷的分布优势，Pr/Ph 值为 1.73～1.92（图 5-2），明显高于其他原油，表明 Ding Deep-2 井 Sokor2 组、Dinga-1 井（E0）和 Tairas-1 井（E2、E3）Sokor1 组原油具有不同于其他原油类型的特征、可能来自不同的烃源层。

$Ph/nC_{18}$ 和 $Pr/nC_{17}$ 值通常反映烃源岩的有机相特征，当然，它们也受成熟度的影响，其值随成熟度增高而降低。所以，同等成熟度范围内，其沉积有机相意义是非常有效的。$Ph/nC_{18}$ 和 $Pr/nC_{17}$ 值同时也受生物降解作用的影响，生物降解作用使 $nC_{17}$ 和 $nC_{18}$ 含量降低，从而使 $Ph/nC_{18}$ 和 $Pr/nC_{17}$ 值升高。

类型 I、III 和 IV 原油之间的差别，主要表现在正构烷烃的损失导致其与姥鲛烷、植烷之间相对丰度的差异。大多数原油（类型 I），正构烷烃含量高，$nC_{17}$ 和 $nC_{18}$ 分别高于 Pr 和 Ph，$Pr/nC_{17}$ 和 $Ph/nC_{18}$ 值一般较低，而类型 III 和 IV 原油，由于次生变化造成正构烷烃的损失，导致 $Pr/nC_{17}$ 和 $Ph/nC_{18}$ 值升高（图 5-3 至图 5-5），例如 Bamm E-1 井（E2）原油的 $Pr/nC_{17}$ 和 $Ph/nC_{18}$ 值分别为 8.52 和 11.66，在没有明显的成熟度差异的情况下，造成参数值增高的主要原因是生物降解作用，前述正构烷烃的分布特征也表明，正构烷烃严重损失，色谱基线出现明显的鼓包。

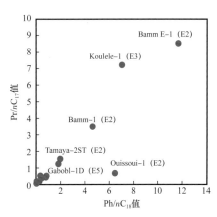

图 5-5　Termit 盆地原油 $Pr/nC_{17}$ 值和 $Ph/nC_{18}$ 值关系图

## 二、三环萜烷及 $C_{24}$ 四环萜烷

三环萜烷广泛分布于石油和沉积有机质中，可能来源于原生动物的细胞膜，认为三环己异戊二烯醇（hexaprenol）是其前驱物（Ourisson 和 Rohmer，1982）。同时藻类也可能是其来源（Volkman，1989；Godoy 等，1989）。此外，也有证据表明 $C_{19}$ 和 $C_{20}$ 三环萜烷可能来自高等植物。一般而言，海相烃源岩及其相关原油中具有 $C_{23}$ 三环萜烷优势，陆源有机质成因的原油中 $C_{19}$ 和 $C_{20}$ 三环萜烷更丰富些（Aquino 等，1983；肖洪等，2019）。来自碳酸盐岩的石油和沉积有机质，$C_{26}$ 以上三环萜烷丰度较低，而来自其他环境的原油和沉积有机质中 $C_{26}$～$C_{30}$TT 与 $C_{19}$～$C_{25}$TT 丰度大致相近（Aquino 等，1983）。

由于在分子结构中存在非对称中心（C-22），具有 25 个及以上碳原子的三环萜烷存在两个异构体，因此在质量色谱图上（$m/z$191）上出现双峰（图 5-6），例如 $C_{25}$、$C_{26}$ 三环萜烷。由于三环萜烷的侧链具有类异戊二烯烃结构，因此 $C_{22}$、$C_{27}$ 和 $C_{32}$ 异构体不能检出或丰度很低。

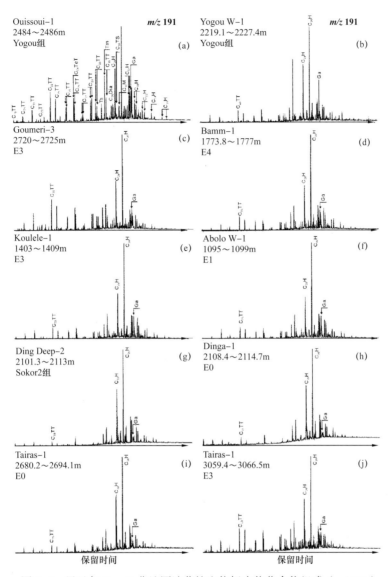

图 5-6　尼日尔 Termit 盆地原油萜烷生物标志物化合物组成（*m/z*191）

### 表 5-5　Termit 盆地原油分子地球化学参数

| 井号 | 深度（m） | 层位 | $(C_{20}+C_{21})/(C_{23}+C_{24})$ TT | $C_{24}$Tet/$C_{26}$TT | Ga/$C_{30}$H | $C_{27}$（%） | $C_{28}$（%） | $C_{29}$（%） | 22S/(22S+22R) | $C_{26}/C_{28}$ 20S TAS | $C_{27}/C_{28}$ 20R TAS |
|---|---|---|---|---|---|---|---|---|---|---|---|
| Ouissoui-1 | 2484～2486 | Yogou 组 | 0.35 | 0.19 | 0.36 | 19.44 | 24.47 | 56.10 | 0.52 | 0.15 | 0.33 |
| Gabobl-1D | 1536～1555 | E5 | 0.42 | 0.70 | 0.37 | 12.98 | 22.15 | 64.87 | 0.53 | 0.08 | 0.27 |
| Ouissoui-1 | 1243.5～1255 | E2 | 0.37 | 0.18 | 0.35 | 16.47 | 22.82 | 60.71 | 0.53 | 0.14 | 0.33 |

续表

| 井号 | 深度（m） | 层位 | $(C_{20}+C_{21})/(C_{23}+C_{24})$ TT | $C_{24}$Tet/$C_{26}$TT | Ga/$C_{30}$H | $C_{27}$（%） | $C_{28}$（%） | $C_{29}$（%） | 22S/（22S+22R） | $C_{26}/C_{28}$ 20S TAS | $C_{27}/C_{28}$ 20R TAS |
|---|---|---|---|---|---|---|---|---|---|---|---|
| Oyou S-1D | 1043～1050 | E2 | 0.43 | 0.41 | 0.39 | 16.19 | 22.47 | 61.35 | 0.55 | 0.11 | 0.30 |
| Yogou S-1 | 2522.9～2528.4 | Yogou 组 | 0.49 | 0.46 | 0.30 | 18.42 | 21.99 | 59.59 | 0.56 | 0.11 | 0.29 |
| Yogou S-1 | 2493.5～2495.5 | Yogou 组 | 0.44 | 0.47 | 0.30 | 17.61 | 21.38 | 61.00 | 0.54 | 0.16 | 0.28 |
| Yogou W-1 | 2219.1～2227.4 | Yogou 组 | 0.43 | 0.66 | 0.47 | 17.57 | 22.66 | 59.77 | 0.52 | 0.18 | 0.31 |
| Yogou W-1 | 2156.9～2169.2 | Yogou 组 | 0.40 | 0.30 | 0.29 | 18.87 | 21.39 | 59.74 | 0.54 | 0.18 | 0.28 |
| Yogou W-1 | 2067.3～2069.3 | Yogou 组 | 0.42 | 0.44 | 0.44 | 18.38 | 22.64 | 58.98 | 0.53 | n.d. | n.d. |
| Abolo W-1 | 1095～1099 | E1 | 0.39 | 0.33 | 0.24 | 16.72 | 19.85 | 63.43 | 0.57 | 0.19 | 0.29 |
| Bokora-1 | 1468.0 | E4 | 0.43 | 0.56 | 0.34 | 13.71 | 21.74 | 64.55 | 0.56 | 0.08 | 0.27 |
| Tairas-1 | 3059.4～3066.5 | E3 | 0.39 | 0.36 | 0.26 | 16.72 | 19.85 | 63.43 | 0.56 | 0.12 | 0.28 |
| Goumeri-3 | 2720～2725 | E3 | 0.44 | 0.38 | 0.32 | 19.23 | 24.66 | 56.11 | 0.56 | 0.12 | 0.29 |
| Goumeri-3 | 2568～2571 | E2 | 0.44 | 0.44 | 0.31 | 17.54 | 22.84 | 59.62 | 0.56 | 0.11 | 0.28 |
| Sokor-7 | 1826～1835 | E2 | 0.43 | 0.39 | 0.29 | 18.56 | 21.89 | 59.55 | 0.56 | 0.12 | 0.28 |
| Tamaya-2ST | 984.20～997.5 | E2 | 0.42 | 0.39 | 0.28 | 15.31 | 21.37 | 63.32 | 0.56 | 0.20 | 0.33 |
| Bamm-1 | 1773.8～1777 | E4 | 0.43 | 0.32 | 0.30 | 18.21 | 25.45 | 56.34 | 0.55 | 0.13 | 0.30 |
| Bamm-1 | 1520.2～1535.7 | E2 | 0.43 | 0.28 | 0.18 | 18.98 | 22.47 | 58.55 | 0.54 | 0.15 | 0.31 |
| Koulele-1 | 1403～1409 | E3 | 0.46 | 0.42 | 0.24 | 18.93 | 20.88 | 60.19 | 0.58 | 0.14 | 0.27 |
| Bamm E-1 | 1637.1～1648.1 | E2 | 0.43 | 0.51 | 0.29 | 15.08 | 22.24 | 62.67 | 0.54 | 0.11 | 0.33 |
| Ding Deep-2 | 2101.3～2113 | S2 | 0.75 | 0.80 | 0.17 | 34.36 | 24.76 | 40.88 | 0.56 | 0.35 | 0.37 |
| Dinga-1 | 2108.4～2114.7 | E0 | 1.05 | 0.94 | 0.11 | 27.28 | 25.26 | 47.46 | 0.55 | 0.40 | 0.40 |
| Tairas-1 | 2680.2～2694.1 | E0 | 0.71 | 0.63 | 0.15 | 27.31 | 20.53 | 52.16 | 0.56 | 0.27 | 0.38 |

　　图 5-6 为 Termit 盆地原油 $m/z$191 质量色谱图，反映三环萜烷、四环萜烷和五环三萜类化合物的组成特征。Termit 原油具有两种类型的三环萜烷分布特征。一类是三环萜烷丰度相对藿烷含量较高，分布系列较完整，从 $C_{19}$ 到 $C_{30}$ 都有分布，并且以 $C_{23}$ 三环萜烷占优势（图 5-6a—f）。Termit 盆地目前已发现的原油大都属于这一类，该类型原油

具有较低的（$C_{20}+C_{21}$）TT/（$C_{23}+C_{24}$）TT
值（表5-5），普遍小于0.5，在$C_{24}$Tet/
$C_{26}$TT—（$C_{20}+C_{21}$）TT/（$C_{23}+C_{24}$）TT关
系图上聚为一类（图5-7），指示了其相同的
油气来源。

Ding Deep-2（Sokor2）、Dinga-1（E0）
和Tairas-1（E0）原油三环萜烷相对丰度
较低，高碳数三环萜烷丰度低或者未检测
出，$C_{23}$三环萜烷优势不明显（图5-6g—i），
具有较高的（$C_{20}+C_{21}$）TT/（$C_{23}+C_{24}$）TT
值（>0.6）（表5-5），在$C_{24}$Tet/$C_{26}$TT—
（$C_{20}+C_{21}$）TT/（$C_{23}+C_{24}$）TT关系图上聚为
一类（图5-7），表明这些原油具有不同的
来源。

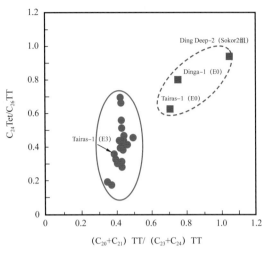

图5-7　尼日尔 Termit 盆地原油 $C_{24}$Tet/$C_{26}$TT —
（$C_{20}+C_{21}$）TT/（$C_{23}+C_{24}$）TT 关系图
注：TT—三环萜烷；Tet—四环萜烷

前人的研究成果也发现，尼日尔
Termit盆地上白垩统和古近系原油具有两种不同的类型。大多数原油同样都具有较低的
$C_{24}$Tet/$C_{26}$TT值和（$C_{20}+C_{21}$）TT/（$C_{23}+C_{24}$）TT值，在$C_{24}$Tet/$C_{26}$TT—（$C_{20}+C_{21}$）TT/（$C_{23}+C_{24}$）
TT关系图上聚为一类，而Ding Deep-1井（E2、E4）的3个原油样品具有较高的参数
值（Wan等，2014），与本次研究的Ding Deep-2井（Sokor 2油组）、Dinga-1油组）
井和Tarias-1井（E0油组）原油一致。

$C_{24}$四环萜烷与三环萜烷的相对含量与烃源岩沉积环境相关，一般而言，来自陆
源有机质的烃源岩和相关的原油中，具有相对较高的$C_{24}$四环萜烷（Philp和Gilbert，
1986）。从（图5-7）Termit盆地$C_{24}$Tet/$C_{26}$TT—（$C_{20}+C_{21}$）TT/（$C_{23}+C_{24}$）TT关系图可
以看出，Ding Deep-2井（Sokor2油组）、Dinga-1（E0油组）井和Tarias-1井（E0油组）
原油具有较高的$C_{24}$Tet/$C_{26}$TT值和（$C_{20}+C_{21}$）TT/（$C_{23}+C_{24}$）TT值，表明其烃源岩中有
陆源有机质的贡献，而其他原油主要为海相有机质成因。

### 三、五环三萜类化合物

石油和沉积有机质中的藿烷系列来自原核生物的细胞膜，是主要的三萜类生物标志
化合物。Termit盆地原油中普遍检出较丰富的藿烷系列，包括$C_{29}$～$C_{35}$αβ藿烷系列，以
$C_{30}$αβ藿烷系列为主峰，从$C_{30}$αβ藿烷到$C_{35}$αβ藿烷，丰度逐渐降低（图5-6），是陆相
有机质来源相关原油的典型特征，一般而言，来自于海相成因有机质的原油，具有较高
含量的$C_{35}$藿烷。

βα莫烷系列的热稳定性低于αβ藿烷系列，在原油和成熟有机质中丰度很低，
Termit盆地原油中βα莫烷系列丰度都很低，表明该盆地原油为成熟有机质生成的原油
（图5-6）。

高于 $C_{31}$ 的升藿烷系列由于 C-22 位存在非对称中心，产生 R 和 S 构型的异构体，生物体构型为 R 构型，热稳定性低，随着有机质的热演化，逐渐转化为热稳定性高的 S 构型，在镜质组反射率 $R_o$ 为 0.6% 左右时，达到平衡点，22S/（22S+22R）为 0.54～0.62，随着成熟度进一步增加，该参数值基本恒定，因此该参数对判识低成熟到生油窗初期的石油和有机质成熟度有效。

Termit 盆地原油 22S/（22S+22R）参数值位于 0.52～0.58，平均值为 0.55（表 5-5），为成熟原油。

石油和沉积有机质中的伽马蜡烷来自四膜虫醇（Venkatesan，1986；Ten Haven 等，1986），四膜虫醇是某些原生动物、光合细菌和其他生物细胞膜中取代甾类化合物的类脂化合物。伽马蜡烷普遍存在于石油中，但高丰度的伽马蜡烷往往指示有机质沉积时还原和超盐度的分层水体（Moldowan 等，1985；Jiamo F 等，1986）。

Termit 盆地原油中普遍检测出一定的伽马蜡烷（图 5-5），大多数原油都具有较高的伽马蜡烷 /$C_{30}$ 藿烷值（伽马蜡烷指数）（表 5-5），同样来自 Ding Deep-2 井（Sokor2 油组）、Dinga-1（E0 油组）井和 Tarias-1 井（E0 油组）原油的伽马蜡烷指数相对较低（表 5-5）。

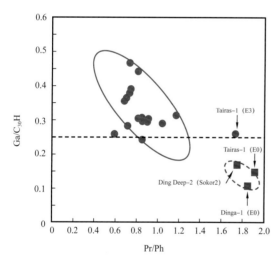

图 5-8　尼日尔 Termit 盆地原油
Ga/$C_{30}$H—Pr/Ph 关系图
注：Ga—伽马蜡烷；$C_{30}$H—$C_{30}$ αβ 藿烷

图 5-8 为 Termit 盆地原油伽马蜡烷指数（Ga/$C_{30}$H）与姥鲛烷 / 植烷（Pr/Ph）关系图，用以反映烃源岩有机质沉积环境。一般而言高 Pr/Ph 参数往往指示较氧化的沉积环境，而高 Ga/$C_{30}$H 值指示还原和高盐度的水体。在图 5-8 中，Ga/$C_{30}$H 值与 Pr/Ph 值虽然不具严格的负相关关系，但高 Pr/Ph 值的原油往往具有较低的 Ga/$C_{30}$H 值，反之亦然。

尼日尔 Termit 盆地大多数原油具有较高的伽马蜡烷指数（＞0.25）和较低的 Pr/Ph 值（＜1.0），指示其烃源岩较还原的沉积环境和盐度较高的水体。而 Ding Deep-2 井（Sokor2 油组）、Dinga-1（E0 油组）井和 Tarias-1 井（E0 油组）原油具有相对较高的 Pr/Ph 值（＞1.7）和较低的伽马蜡烷指数（＜0.2），表明这些原油的烃源岩沉积水体的盐度和氧化还原性的差异，可能为偏氧化的沉积环境，水体盐度和分层性相对较低。前述正构烷烃分布特征、三环萜烷和四环萜烷分布特征也指示这些原油具有较多的陆源有机质的贡献，与 Pr/Ph 值和伽马蜡烷指数所反映的沉积环境也是相吻合的。

### 四、甾烷系列化合物

石油和沉积有机质中的甾烷来自真核生物，$C_{27}$-$C_{28}$-$C_{29}$ 规则甾烷分布特征通常反映沉积有机质的生源构成，在油源研究中具有重要意义。图 5-9 为尼日尔 Termit 盆地甾烷分布图（$m/z$217），大多数原油显示相似的反"L"形，$C_{29}$ 甾烷含量高，占 $C_{27}$、$C_{28}$ 和 $C_{29}$ 规则甾烷总和的 50% 以上，而来自 Ding Deep-2 井（Sokor2 油组）、Dinga-1 井（E0 油组）和 Tarias-1 井（E0 油组）的原油具有不同的甾烷分布特征，这些原油的 $C_{27}$ 规则甾烷含量较高，$C_{27}$-$C_{28}$-$C_{29}$ 规则甾烷呈现不对称的"V"字形分布特征（图 5-9g—i）。

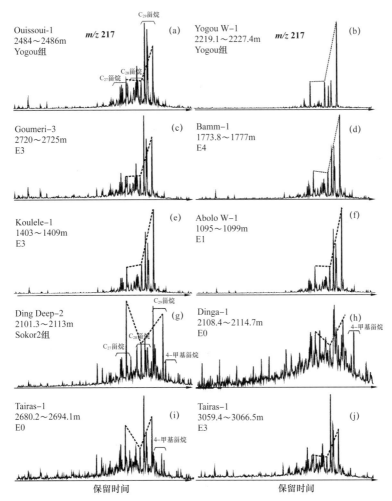

图 5-9　尼日尔 Termit 盆地原油甾烷类生物标志物化合物组成（$m/z$217）

注：$C_{27}$、$C_{28}$、$C_{29}$ 甾烷：各自包括 ααα-20S、αββ-20S、αββ-20R 和 ααα-20R 4 种异构体；

4- 甲基甾：4-α- 甲基 -24- 乙基胆甾烷

一般用 $C_{27}$-$C_{28}$-$C_{29}$ 规则甾烷三角图来表示其相对含量，用于油—油对比、烃源岩判识和原油族群划分（Palmer，1984；Grantham 和 Wakefield，1988；Peters 等，2005）。图 5-10 为尼日尔 Termit 盆地 $C_{27}$-$C_{28}$-$C_{29}$ 规则甾烷三角图，根据该图可以将 Termit 盆地上

白垩统和古近系油藏的原油划分为两类，大多数原油具有高的 $C_{29}$ 规则甾烷含量，其规则甾烷相对含量组成非常相近，很好地聚为一类。同样来自 Ding Deep-2 井（Sokor2 油组）、Dinga-1 井（E0 油组）和 Tarias-1 井（E0 油组）的原油聚为一类，都具有相对较高的 $C_{27}$ 规则甾烷含量。据已有的研究成果（Wan 等，2014），来自 Dinga 断阶的 Dinga D-1 井也具有类似于上述三口井原油的规则甾烷分布特征（图 5-11），可能属于同一原油族群。

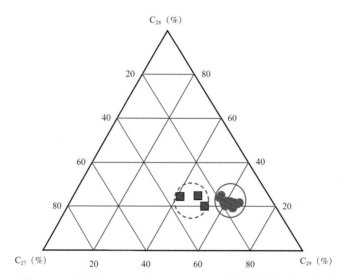

图 5-10　尼日尔 Termit 盆地 $C_{27}$-$C_{28}$-$C_{29}$ 规则甾烷组成三角图

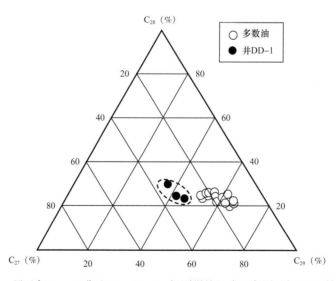

图 5-11　尼日尔 Termit 盆地 $C_{27}$-$C_{28}$-$C_{29}$ 规则甾烷组成三角图（据 Wan 等，2014）

　　Termit 盆地原油甾烷分布的另一个明显的差异是 4- 甲基甾烷的分布。石油和沉积有机质中的甲基甾烷主要包括 C-4 位取代的甲基甾烷，如 $C_{30}$ 4α- 甲基 -24- 乙基胆甾烷，以及 C–24 位取代的甲基甾烷，如 4α，23，24– 三甲基甾烷（甲藻甾烷）。海相成因的原油中能检测出这些甲基甾烷化合物（Peters 等，2005；Summons 等，1987；Goodwin 等，1987），但是湖相烃源岩及相关的石油主要含有 4α– 甲基 –24– 乙基胆甾烷，来自淡水沉积环境的湖相有机质和原油比咸水沉积环境含有更多的 4α– 甲基 –24– 乙基胆甾烷（Fu Jiamo，1990）。

Ding Deep–2 井（Sokor2 油组）、Dinga–1（E0 油组）井和 Tarias–1 井（E0 油组）原油含有较丰富的 4α– 甲基 –24– 乙基胆甾烷，表明这些井的原油可能来自偏氧化、淡水沉积环境的湖相烃源岩，与前述较高的 Pr/Ph 值、较低的伽马蜡烷含量也是一致的。Tairas–1 井（E3 油组，3059.4~3066.5m）原油的 $C_{27}$–$C_{28}$–$C_{29}$ 规则甾烷组成呈反 "L" 形分布，4α– 甲基 –24– 乙基胆甾烷含量也很低，与大多数原油类似，但前述双峰态前峰型的正构烷烃分布以及较高的 Pr/Ph 值等特征又与 Ding Deep–2 井（Sokor2 油组）相似，推测是两种类型原油混合成因，具体还有待油藏地质特征的深入解剖。

## 五、三芳甾烷和三芳甲藻甾烷系列

三芳甾烷（TAS）可能来自单芳甾烷（MAS）的进一步芳构化和脱甲基化，例如 $C_{27}$ 单芳甾烷可以转化成为 $C_{26}$ 三芳甾烷，所以 $C_{26}$–$C_{27}$–$C_{28}$ 三芳甾烷相对含量同样可以用来判识原油有机质的生源构成。但常规芳香烃色谱—质谱（GC—MS）分析得到的 *m/z* 231 质量色谱图上，$C_{26}R$ 和 $C_{27}S$ 三芳甾烷往往共流出（图 5–12），所以该参数并没有得到广泛应用。

三芳甾烷与规则甾烷相比，C–10 和 C–13 位上少了一个甲基，而在 C–17 位上增加了一个甲基，从而对 C–20 位的异构化过程产生空间位阻，所以三芳甾烷 C–20 异构化成熟度参数对高成熟轻质油或凝析原油更为有效。同时，$C_{27}/C_{28}20R$ TAS 和 $C_{26}/C_{28}20S$ TAS 关系图也常可用于原油族群划分（Moldowan 等，1985）。

Termit 盆地原油三芳甾烷分布如图 5–12 所示，大多数原油 $C_{26}20S$、$C_{26}20R$+$C_{27}20S$ 和 $C_{27}20R$ 三芳甾烷的相对含量较低（图 5–12a—f），而 Ding Deep–2（Sokor）、Dinga–1（E0）和 Tairas–1（E0）原油具有相对较高的 $C_{26}20S$ 和 $C_{26}20R$+$C_{27}20S$。在 $C_{27}/C_{28}20R$ TAS—$C_{26}/C_{28}20S$ TAS 关系图上（图 5–13），原油样品聚为两类，大多数原油具有较低的 $C_{27}/C_{28}20R$ TAS 和 $C_{26}/C_{28}20S$ TAS 值，聚为一类。而 Ding Deep–2（Sokor）、Dinga–1（E0）和 Tairas–1（E0）原油具有相对较高的参数值，聚为另一类。Tairas–1（E3，3059.4~3066.5m）原油的三芳甾烷分布特征类似于第一类原油。

石油和沉积有机质中三芳甲藻甾烷（triaromatic dinosteroids）和甲基三芳甾烷（methyl–triaromatic steroids）可能是由对应的甲藻甾烷和甲基甾烷逐步芳构化而来。甲藻甾烷一般用色谱—质谱—质谱（GC—MS—MS）检测和鉴定（414 → 231，414 → 98），本次研究没有对样品做 GC—MS—MS 分析，但在常规的芳香烃色谱—质谱分析中，检测出较高丰度的三芳甲藻甾烷和甲基三芳甾烷（图 5–14）。

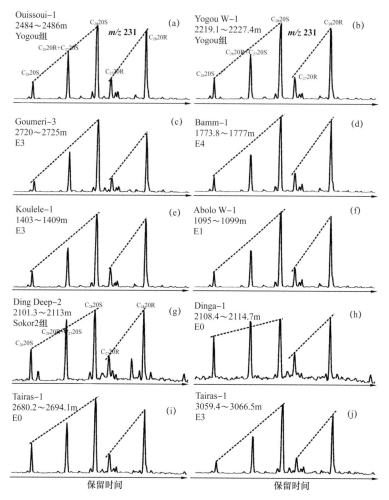

图 5-12　Termit 盆地原油三芳甾烷分布特征（*m/z* 231）（据毛凤军等，2016 修改）

注：$C_{26}20S$、$C_{26}20R$、$C_{27}20S$、$C_{27}20R$、$C_{28}20S$、$C_{27}20R$ 为分别相应碳数三芳甾烷的 20S 和 20R 异构体

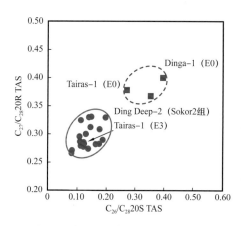

图 5-13　Termit 盆地原油 $C_{27}/C_{28}20R$

TAS — $C_{26}/C_{2}20S$ TAS 关系图

　　Termit 盆地大部分原油中都检测出丰度较高的三芳甲藻甾烷和甲基三芳甾烷（图5-14a—f），表现出烃源岩有机质来源的一致性，而 Ding Deep-2 井（Sokor2 油组）、Dinga-1 井（E0 油组）和 Tarias-1 井（E0 油组）的原油中以甲基三芳甾烷为主，三芳甲藻甾烷丰度相对低很多（图 5-14g—i）。前人研究成果表明，海相成因有机质和相关石油中普遍能检测出甲基甾烷和甲藻甾烷，而淡水湖相有机质及相关的石油以 4- 甲基甾烷为主。因此三芳甲藻甾烷和甲基三芳甾烷的分布也证明 Termit 盆地

存在两类不同油气来源的原油，即以海相烃源为主的原油和湖相烃源岩有机质成因的原油，目前已发现的原油主要为海相成因，而 Ding Deep-2 井（Sokor2 油组）、Dinga-1 井（E0 油组）和 Tarias-1 井（E0 油组）等井的原油为湖相成因。

值得指出的是，Tairas-1 井（E3 油组，3059.4～3066.5m）原油的三芳甲藻甾烷和甲基三芳甾烷（图 5-14j）分布不同于 Ouissoui-1 等大多数井的原油，其三芳甲藻甾烷含量相对偏低，但与 Ding Deep-2 井（Sokor2 油组）和 Tarias-1 井（E0 油组）的原油相比，其三芳甲藻甾烷相对略高，同样可能为两种类型原油的混合所致。

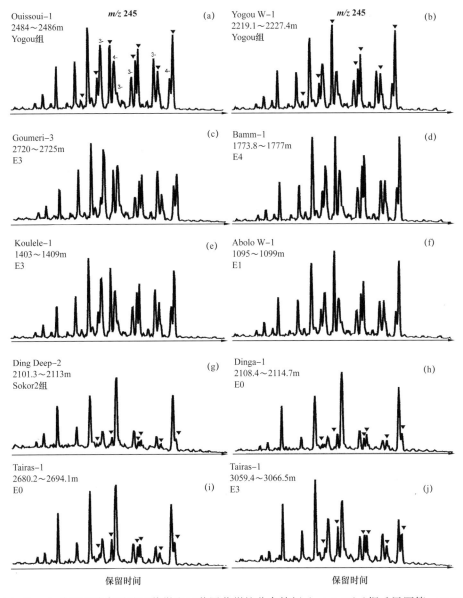

图 5-14　Termit 盆地石油中甲基三芳甾和三芳甲藻甾烷分布特征（*m/z* 245）（据毛凤军等，2016 修改）

注：图中带"▼"的化合物为三芳甲藻甾烷；4- 和 3- 分别为 4- 甲基三芳甾烷、3- 甲基三芳甾烷

## 六、原油及馏分稳定碳同位素组成

石油烃类的稳定碳同位素组成继承其母源有机质的组成特征，一定程度上也受热成熟作用的同位素分馏效应的影响。一般来讲，来源于藻类等低等水生生物的有机质，其原油和干酪根的碳同位素值较低，而来源于陆源高等植物有机质的原油及干酪根的同位素值较高。当母岩来源相同，环境条件和演化程度相似时，在原油、母质干酪根、岩石抽提物及其馏分中的碳同位素值存在以下系统变化规律：饱和烃＜原油＜芳香烃＜非烃＜沥青质＜干酪根。烃源岩抽提物碳同位素比相应的原油略重，但比原油的沥青质和干酪根要轻，因此可以利用原油和烃源岩有机质氯仿沥青的碳同位素值或者相应的馏分同位素值进行对比，由于原油（氯仿沥青）及其馏分及干酪根稳定碳同位素组成存在分馏效应，碳同位素值从饱和烃到原油（氯仿沥青），到芳香烃、非烃、沥青质、再到干酪根依次增加，因此不能用原油的碳同位素值与岩石的干酪根同位素值进行对比。利用这种随馏分的极性增加而 $\delta^{13}C$ 值增加的规律，以各馏分为横坐标，同位素值为纵坐标就构成了原油类型曲线。不同来源的原油，其类型曲线不同，据此可进行油—油对比；还可利用上述方法，对样品数据点进行线性回归，得出同位素类型曲线，再用外推法预测出烃源岩沥青和干酪根的大致同位素组成，并与可能烃源岩的沥青或干酪根的同位素实测值相比较，从而确定烃源岩。

一般来说，同源原油因成熟度不同而产生的稳定碳同位素组成 $\delta^{13}C$ 差异不超过 2‰~3‰（Peters 和 Moldowan，1993）。因此，对于成熟度相近的原油，若稳定碳同位素 $\delta^{13}C$ 值相差 2‰~3‰以上，则一般认为是非同源的。

表 5-6 列出了本次分析原油样品及其族组成的稳定碳同位素值，大部分原油的碳同位素值偏负，为 -29‰~-27‰左右，其碳同位素值（$\delta^{13}C$‰）大都符合从饱和烃、原油、芳香烃、非烃到沥青质依次增高的规律（图 5-15）。而 Ding Deep-2（Sokor 组）、Dinga-1（E0）、Tairas-1（E0）、Tairas-1（E3，3059.4~3066.5m）原油的碳同位素值为 -26‰~-23.5‰，明显高于其他原油，也遵循从饱和烃到沥青质逐渐增高的规律（图 5-15），因此稳定碳同位素组成特征同样表明 Termit 盆地存在两个原油族群。相对而言，Tairas-1（E3，3059.4~3066.5m）原油的同位素值略低于该族群中其他 3 件样品，碳同位素组成的证据证实了该原油可能为两种类型原油混合成因的结论。

根据同位素类型曲线可外推出原油所对应的烃源岩干酪根的同位素值，如图 5-15 所示，第一类原油所对应的烃源岩干酪根同位素值为 -28‰~-26‰；第二类原油所对应烃源岩干酪根同位素值为 -25‰~-23‰。

表 5-6　Termit 盆地原油及族组分稳定碳同位素值（$\delta^{13}$C‰）

| 井号 | 深度（m） | 层位 | 饱和烃（‰） | 原油（‰） | 芳香烃（‰） | 非烃（‰） | 沥青质（‰） |
|---|---|---|---|---|---|---|---|
| Tairas-1 | 3059.4～3066.5 | E0 | −25.9 | −25.7 | −25.1 | −24.9 | −25.0 |
| Dinga-1 | 2108.4～2114.7 | E0 | −23.3 | −23.1 | −22.8 | −22.6 | −23.2 |
| Tairas-1 | 2680.2～2694.1 | E3 | −24.8 | −24.5 | −24.3 | −23.9 | −24.1 |
| Ding Deep-2 | 2101.3～2113 | Sokor2 组 | −24.9 | −24.5 | −25.2 | −23.8 | −24.5 |
| Sokor-7 | 1826～1835 | Yogou 组 | −28.2 | −27.7 | −27.4 | −27.4 | −26.8 |
| Gabobl-1D | 1536～1555 | E5 | −29.1 | −28.5 | −28.1 | −27.7 | −28.6 |
| Goumeri-3 | 2568～2571 | E2 | −28.0 | −27.3 | −27.3 | −27.0 | −27.0 |
| Oyou S-1D | 1043～1050 | E2 | −28.2 | −28.0 | −28.5 | −27.9 | −27.3 |
| Goumeri-3 | 2720～2725 | Yogou 组 | −27.1 | −26.7 | −26.5 | −26.2 | −26.3 |
| Tamaya-2ST | 984.20～997.5 | Yogou 组 | −28.0 | −27.8 | −28.0 | −26.8 | −27.2 |
| Ouissoui-1 | 2484～2486 | Yogou 组 | −26.8 | −26.5 | −27.0 | −25.9 | −26.3 |
| Abolo W-1 | 1095～1099 | Yogou 组 | −28.2 | −27.8 | −27.4 | −27.4 | −27.0 |
| Ouissoui-1 | 1243.52～1255 | Yogou 组 | −26.8 | −26.7 | −26.3 | −26.2 | −26.6 |
| Koulele-1 | 1403～1409 | E1 | −28.4 | −28.2 | −28.4 | −27.8 | −27.6 |
| Yogou S-1 | 2522.9～2528.4 | E3 | −29.0 | −28.6 | −27.4 | −28.0 | −28.0 |
| Bamm E-1 | 1637.1～1648.1 | E2 | −28.4 | −28.2 | −27.5 | −27.6 | −28.0 |
| Bamm-1 | 1773.8～1777 | E2 | −28.7 | −27.0 | −27.7 | −26.8 | −27.2 |
| Bamm-1 | 1520.2～1535.7 | E2 | −28.1 | −27.8 | −27.6 | −27.0 | −27.5 |
| Yogou W-1 | 2219.1～2227.4 | E4 | −29.8 | −29.3 | −28.4 | −27.8 | −27.1 |
| Yogou W-1 | 2156.9～2169.2 | E2 | −29.2 | −28.9 | −27.3 | −27.7 | −26.8 |
| Yogou S-1 | 2493.5～2495.5 | E2 | −29.5 | −29.2 | −28.6 | −27.3 | −26.6 |
| Yogou W-1 | 2067.3～2069.3 | E3 | −28.8 | −28.4 | — | −27.5 | −26.7 |

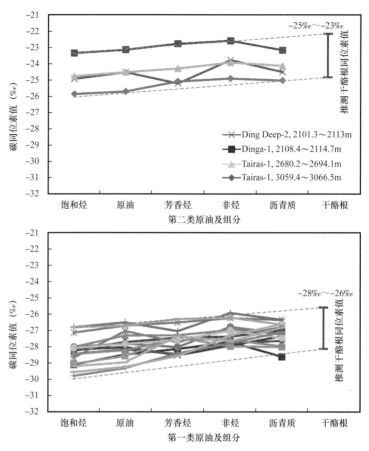

图 5-15　Termit 盆地原油与族组分稳定碳同位素值分布曲线

# 第三节　成熟度评价

## 一、萜烷类成熟度参数

甾萜类异构化参数是常用的成熟度评价指标。图 5-16 是 Termit 原油 $C_{32}$ 升藿烷异构化参数 $C_{32}H$ 22S/（22S+22R）与 $C_{29}Ts$ 和 $C_{29}$ 藿烷成熟度参数 $C_{29}Ts$/（$C_{29}Ts+C_{29}H$）之间的关系图。$C_{32}H$ 22S/（22S+22R）指数是指示原油和有机质从低成熟到生油窗早期阶段有效的成熟度参数，该参数值为 0.50～0.54 时，指示原油和有机质的成熟度刚进入生油窗；参数值为 0.57～0.62 时为主要生油窗阶段或超过该阶段的原油成熟度。Termit 盆地原油的 22S/（22S+22R）值一般大于 0.52，平均值为 0.55，表明该地区原油大都为烃源岩主力生烃阶段的产物。

## 二、烷基萘和烷基菲成熟度参数

烷基萘和烷基菲等系列芳香烃化合物相关的成熟度参数可很好地指示原油和沉积

有机质的成熟度（Radke等，1982；Radke，1988）。其作为成熟度指标的原理是甲基或其他烷基在苯环上取代位置不同而产生一系列异构体，不同异构体的热稳定性不同，随着成熟度增加，热稳定性高的异构体的含量相对稳定性低的异构体增加，因而可很好地指示原油的成熟度。如三甲基萘（TMN）相关的成熟度参数TNR-2定义为（1,3,7-TMN+2,3,6-TMN)/(1,3,5-TMN+1,3,6-TMN+1,4,6-TMN)（Radke，1994），根据有机质实测的镜质组反射率（$R_o$），得到TNR-2参数值与成熟度之间的换算关系：$R_c=0.4+0.6×TNR-2$

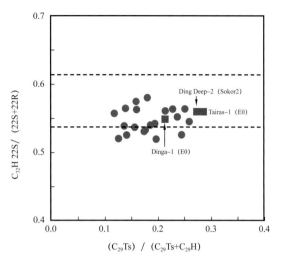

图5-16　Termit盆地原油$C_{32}$升藿烷22S/（22S+22R）—$C_{29}$Ts/（$C_{29}$Ts+$C_{29}$H）关系图

（Radke，1994）。由烷基菲相关的成熟度参数MPI-1计算得到的成熟度见表5-7。由于这些相关地球化学指标与成熟度之间的换算关系，主要基于来自某一盆地数量有限和一定类型有机质的岩石样品，用该经验式计算其他盆地的原油成熟度时，存在一定误差，需要有该盆地实测样品的校正。

表5-7　Termit盆地原油成熟度分子地球化学参数

| 井号 | 深度（m） | 层位 | MDR | 4,6-/1,4-DMDBT | (2,6-+3,6-)/1,4-DMDBT | MNR | TNR-2 | $R_{cb}$（%） | MPR | MPI1 | $R_{ca}$（%） |
|---|---|---|---|---|---|---|---|---|---|---|---|
| Ouissoui-1 | 2484～2486 | Yogou组 | 1.41 | 0.73 | 1.21 | 2.35 | 0.88 | 0.93 | 1.19 | 0.98 | 0.99 |
| Gabobl-1D | 1536～1555 | E5 | 1.99 | 0.97 | 1.53 | 1.00 | 0.60 | 0.76 | 1.22 | 0.57 | 0.74 |
| Ouissoui-1 | 1243.52～1255 | E2 | 1.33 | 0.90 | 1.22 | 2.36 | 0.92 | 0.95 | 2.26 | 1.52 | 1.31 |
| Oyou S-1D | 1043～1050 | E2 | 1.39 | 0.74 | 1.20 | 1.12 | 0.59 | 0.75 | 1.13 | 0.61 | 0.76 |
| Yogou S-1 | 2522.9～2528.4 | Yogou组 | 1.60 | 0.72 | 1.16 | 2.23 | 0.83 | 0.90 | 0.84 | 0.53 | 0.72 |
| Yogou S-1 | 2493.5～2495.5 | Yogou组 | 1.32 | 0.61 | 1.32 | 2.37 | 0.81 | 0.88 | 1.00 | 0.67 | 0.80 |
| Yogou W-1 | 2219.1～2227.4 | Yogou组 | 1.80 | 0.70 | 1.18 | 2.65 | 0.79 | 0.87 | 0.87 | 0.56 | 0.73 |
| Yogou W-1 | 2156.9～2169.2 | Yogou组 | 1.87 | 0.77 | 1.10 | 2.35 | 0.86 | 0.92 | 0.90 | 0.44 | 0.67 |
| Yogou W-1 | 2067.3～2069.3 | Yogou组 | 1.54 | 0.65 | 1.37 | 1.95 | 0.91 | 0.94 | 0.82 | 0.60 | 0.76 |
| Abolo W-1 | 1095～1099 | E1 | 1.45 | 0.64 | 1.27 | 2.64 | 0.92 | 0.95 | 0.81 | 0.59 | 0.75 |
| Bokora-1 | 1468 | E4 | 1.18 | 0.62 | 0.80 | 2.44 | 0.82 | 0.89 | 0.63 | 0.41 | 0.65 |

续表

| 井号 | 深度（m） | 层位 | MDR | 4, 6-/1, 4-DMDBT | (2, 6-+3, 6-) /1, 4-DMDBT | MNR | TNR-2 | $R_{cb}$（%） | MPR | MPI1 | $R_{ca}$（%） |
|---|---|---|---|---|---|---|---|---|---|---|---|
| Tairas-1 | 3059.4~3066.5 | E3 | 2.32 | 0.86 | 1.33 | 1.31 | 0.66 | 0.80 | 0.78 | 0.50 | 0.70 |
| Goumeri-3 | 2720~2725 | E3 | 1.40 | 0.85 | 1.27 | 1.63 | 0.58 | 0.75 | 0.82 | 0.44 | 0.67 |
| Goumeri-3 | 2568~2571 | E2 | 1.12 | 0.71 | 0.98 | 1.87 | 0.47 | 0.68 | 0.59 | 0.17 | 0.50 |
| Sokor-7 | 1826~1835 | E2 | 1.52 | 0.72 | 1.06 | 1.05 | 0.56 | 0.74 | 0.67 | 0.27 | 0.56 |
| Tamaya-2ST | 984.20~997.5 | E2 | 1.54 | 0.76 | 1.70 | 2.07 | 0.89 | 0.93 | 0.96 | 0.65 | 0.79 |
| Bamm-1 | 1773.8~1777 | E4 | 2.14 | 1.09 | 1.61 | 2.39 | 0.92 | 0.95 | 0.90 | 0.53 | 0.72 |
| Bamm-1 | 1520.2~1535.7 | E2 | 1.89 | 0.86 | 0.99 | 2.60 | 0.87 | 0.92 | 0.75 | 0.39 | 0.64 |
| Bamm E-1 | 1637.1~1648.1 | E2 | 2.48 | 1.15 | 1.40 | 2.41 | 0.88 | 0.93 | 0.77 | 0.37 | 0.62 |
| Koulele-1 | 1403~1409 | E3 | 1.43 | 0.71 | 1.03 | 2.18 | 0.62 | 0.77 | 0.95 | 0.55 | 0.73 |
| Dinga-1 | 2108.4~2114.7 | E0 | 4.38 | 1.42 | 1.96 | 2.39 | 1.02 | 1.01 | 2.03 | 0.86 | 0.92 |
| Ding Deep-2 | 2101.3~2113 | S2 | 3.25 | 1.10 | 1.60 | 2.52 | 0.78 | 0.87 | 2.07 | 0.87 | 0.92 |
| Tairas-1 | 2680.2~2694.1 | E0 | 4.68 | 1.64 | 1.94 | 1.91 | 0.96 | 0.98 | 2.31 | 0.66 | 0.79 |

图 5-17 是根据烷基萘和烷基菲成熟度参数计算得到的 Termit 原油的大致成熟度，两种参数得到的成熟度值之间略有差异，尽管尚未开展该盆地成熟度参数的校正工作，计算结果仍可大致反映 Termit 原油的成熟度。总体来看，Termit 盆地原油为烃源岩主力生烃阶段的产物，相当于镜质组反射率在 0.6%~1.0%，族群 Ⅱ 的原油似乎具有相对较高的成熟度。

### 三、烷基二苯并噻吩成熟度参数

石油和沉积有机质中的烷基二苯并噻吩类化合物相关的地球化学参数，可用于指示有机质沉积环境和成熟度（Radke 等，1982；Hughes 等，1988；Radke 和 Willsch，1994），也可用于示踪油气运移方向和油藏充注途径（Wang 等，2004；Li 等，2008）。由于该类化合物普遍存在于石油和沉积有机质中，热稳定性较高，在高成熟原油和沉积有机质中也具有相当的丰度，受生物降解影响较小，因而得到了广泛应用。

早期曾鉴定出少量多甲基取代的异构体，如 4, 6- 二甲基二苯并噻吩（4, 6-DMDBT）、2, 4-DMDBT，1, 4-DMDBT，提出了 MDR（4- 甲基二苯并噻吩 /1- 甲基二苯并噻吩）、4, 6-/1, 4-DMDBT 和 2, 4-/1, 4-DMDBT 等成熟度参数。近年来对烷基取代二苯并噻吩（Li 等，2012）的系统鉴定发现，原来鉴定的 1，4-DMDBT 化合物峰应该是 1，4-DMDBT 和 1，6-DMDBT 两个化合物峰的共流出，因而原来定义的4.6-/1，4-DMDBT 应该为 4.6-DMDBT/（1，4-DMDBT+1，6-DMDBT）（Li 等，2013）。但热力学计算结果表明 1，4-DMDBT 和 1，6-DMDBT 的热稳定性一致，因而并不影响该成熟度参数的使用。

图 5-18 为 Termit 盆地 MDR 的 4，6-DMDBT/（1，4-DMDBT+1，6-DMDBT）的关系图，可以看出 Termit 盆地原油海相成因的族群 I 的原油 MDR 值为 1.0～2.5，MDR的 4，6-DMDBT/（1，4-DMDBT+1，6-DMDBT）大致呈正相关关系，而湖相成因的族群 II 的原油具有相对较高的参数值。可能指示族群 II 原油较高的成熟度，另外沉积环境也有影响。Huang 等（2003）发现渤海湾盆地下辽河凹陷淡水沉积环境的有机质和相关的原油，在成熟度相同的情况下，与咸水沉积环境的有机质和原油具有较高的 MDR值，而且在关系图上，两种不同成因类型原油的参数之间的关系也不同。前述原油成熟度分析结果也显示，族群 II 原油具有较高的成熟度。

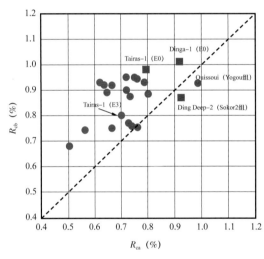

图 5-17　Termit 盆地原油成熟度（根据芳香烃类地球化学指标计算得到的成熟度值）

注：$R_{ca}$（%）= 0.4+0.6×MPI-1；MPI-1=1.5×（2-MP+3-MP）/（Phen+1-MP+9-MP）；Phen—菲；MP—甲基菲

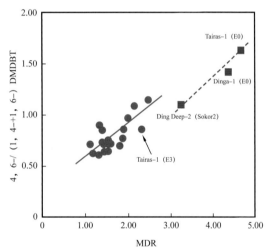

图 5-18　Termit 盆地原油烷基二苯并噻吩成熟度参数

注：MDR：4- 甲基二苯并噻吩 /1- 甲基二苯并噻吩；4，6-/（1，4-+1，6-）DMDBT：4，6- 二甲基二苯并噻吩 /（1，4- 二甲基二苯并噻吩 +1，6- 二甲基二苯并噻吩）

## 第四节　油源对比及族群划分

上述油—油对比研究结果表明，Termit 盆地原油表现出两种典型不同的地球化学特征，可划分为两个族群。各族群原油的分子地球化学组成特征、参数值及划分依据见表 5-8。

Termit 盆地已发现的原油大都属于族群 I。该族群原油饱和烃正构烷烃呈现单峰态前峰型分布形式，部分原油遭受了一定程度的生物降解，正构烷烃减少或者损失殆尽。无环类异戊二烯烃组成中，植烷相对于姥鲛烷优势或均势，具有较低的 Pr/Ph 值（<1.0）。具有较高的伽马蜡烷含量，伽马蜡烷指数一般大于 0.25，指示了该类原油偏还原和咸水的沉积环境。$C_{27}$-$C_{28}$-$C_{29}$ 规则甾烷呈现反 "L" 形分布，含有相对较高的 $C_{29}$ 甾烷。$C_{30}$4- 甲基甾烷丰度低或未检测出，三环萜烷分布中以 $C_{23}$ 三环萜烷占优势，（$C_{20}$+$C_{21}$）/（$C_{23}$+$C_{24}$）三环萜烷参数值较低，小于 0.5，为海相有机质成因原油的特征。原油中检测出三芳甲藻甾和甲基三芳甾烷，而且三芳甲藻甾的相对丰度较高，为海相成因原油的特征。三芳甾分布中，$C_{27}$20R 和 $C_{26}$20S 三芳甾的丰度较低，$C_{27}$/$C_{28}$20R TAS 和 $C_{26}$/$C_{28}$20S TAS 参数值分别小于 0.35 和 0.20。原油及族组分稳定碳同位素值相对较低。

表 5-8　Termit 盆地原油族群划分

| | 第 I 族群 | | 第 II 族群 | |
|---|---|---|---|---|
| | 特征 | 地球化学意义 | 特征 | 地球化学意义 |
| 正构烷烃分布形态（图 5-1、图 5-2） | 单峰态前峰型（部分遭受生物降解） | 水生生物为主的生物来源 | 双峰态后峰型 | 水生生物和陆源有机质双重贡献 |
| 姥鲛烷 / 植烷（Pr/Ph）（图 5-1、图 5-2、图 5-8） | 较低（0.41~1.17） | 偏还原的沉积环境 | 较高（1.73~1.92） | 偏氧化的沉积环境 |
| 伽马蜡烷指数（Ga/$C_{30}$H）（图 5-6、图 5-8） | 较高（>0.25） | 咸水、偏还原的沉积环境 | 较低（<0.15） | 淡水和偏氧化的沉积环境 |
| （$C_{20}$+$C_{21}$）/（$C_{23}$+$C_{24}$）三环萜（图 5-6、图 5-7） | 较低（<0.5） | 海相有机质 | 高（>0.7） | 具有陆源有机质的贡献 |
| $C_{27}$-$C_{28}$-$C_{29}$ 规则甾烷分布（图 5-9 至图 5-11） | 反 "L" 形，较高的 $C_{29}$ 甾烷 | | "V" 字形 | |
| $C_{30}$4- 甲基甾烷（图 5-10） | 含量低，或者未检测 | | 分布明显，含量较高 | 某种淡水湖泊沟鞭藻有机质生源 |
| 三芳甲藻甾烷和甲基三芳甾（图 5-12、图 5-14） | 都有分布，三芳甲藻甾烷相对含量高 | 海相成因 | 三芳甲藻甾烷相对含量低 | |
| 三芳甾 $C_{27}$/$C_{28}$20R TAS 和 $C_{26}$/$C_{28}$20S TAS（图 5-13） | 较低（<0.35、<0.20） | | 较高（>0.35、>0.2） | |
| 原油及族组分碳同位素值（图 5-15） | 较低（<-26‰） | | 较高（>-26‰） | |

族群 II 原油目前包括 Ding Deep-2（Sokor）、Dinga-1（E0）和 Tairas-1（E0）共 3 件原油样品，以前研究的 Ding Deep-1 井的原油也属于该族群。该族群原油饱和烃色谱图上具有完整的正构烷烃分布，呈双峰态后峰型，可能指示水生生物和陆源有机质的双重贡献。姥鲛烷含量高于植烷，Pr/Ph 值为 1.73~1.92，伽马蜡烷含量相对于族群 I 的

原油略低，伽马蜡烷指数小于 0.15，指示烃源岩有机质偏氧化和淡水的沉积环境。$C_{27}$-$C_{28}$-$C_{29}$ 规则甾烷呈现"V"字形分布。$C_{30}4$- 甲基甾烷丰度较高，指示烃源岩有机质中淡水湖泊沟鞭藻的贡献。原油中具有较高的 $C_{20}$ 和 $C_{21}$ 三环萜烷，（$C_{20}+C_{21}$）/（$C_{23}+C_{24}$）三环萜烷参数值较高，大于 0.7，为陆源有机质输入的特征。原油中检测出三芳甲藻甾烷和甲基三芳甾烷，但三芳甲藻甾烷的相对丰度较低。三芳甾烷分布中，$C_{27}20R$ 和 $C_{26}20S$ 三芳甾烷的丰度较高，$C_{27}/C_{28}20R$ TAS 和 $C_{26}/C_{28}20S$ TAS 参数值分别大于 0.35 和 0.20。原油及馏分稳定碳同位素值相对偏高。

来自 Tairas-1 井 E3 油组（3059.4～3066.5m）原油的地球化学参数，大部分与第 I 族群原油一致，但又表现出类似与族群 II 原油的一些特征，例如高的 Pr/Ph 值，正构烷烃呈双峰态后峰型的分布形式，三芳甲藻甾烷的相对含量介于两种典型原油之间，初步判断该原油为混合成因，最终结论还有待详细的成藏地质条件分析。

部分族群 I 的原油遭受了一定程度的生物降解，导致正构完整烷烃损失，原油密度增加，品质变差，这些油藏的埋深一般较小，在已分析的样品中，最浅的不足 1000m，大多低于 1650m，因而可能是保存条件较差所致。在这些原油中，并未检测出 25- 降藿烷，表明生物降解的程度不是很高，大致相当于 Peters 和 Moldowan（1993）划分的 3～4 级生物降解。

## 参 考 文 献

毛凤军，刘邦，刘计国，等 . 2016. 中西非裂谷 Termit 盆地原油甾类生物标志物组成及原油族群［J］. 西安石油大学学报 ( 自然科学版 )，31（3）：8-16.

肖洪，李美俊，杨哲，等 . 2019. 不同环境烃源岩和原油中 C19～C23 三环萜烷的分布特征及地球化学意义［J］. 地球化学，48（02）：161-170.

Aquino Neto，F R，Trendel，et al. 1983. Occurrence and formation of tricyclic terpanes in sediments and petroleums［M］. Wiley，Chichester，659-667.

Fu Jiamo.1990. Application of biological markers in the assessment of paleoenvironments of Chinese non-marine sediments.

Godoy R L O，de DB Lima P D，Pinto A C，et al. 1989. Diterpenoids from Dypterix odorata［J］. Phytochemistry，28（2）：642-644.

Goodwin N S，Mann A L，Patience R L. 1988. Structure and significance of C30 4-methyl steranes in lacustrine shales and oils［J］.Organic Geochemistry，12（5）：495-506.

Grantham P J，Wakefield L L. 1988. Variations in the sterane carbon number distributions of marine source rock derived crude oils through geological time［J］. Organic Geochemistry，12（1）：61-73.

Huang H，Bowler B F，Zhang Z，et al. 2003. Influence of biodegradation on carbazole and benzocarbazole distributions in oil columns from the Liaohe basin，NE China［J］. Organic Geochemistry，34（7）：951-969.

Hughes W B, Holba A G, Dzou L I P. 1995. The ratios of dibenzothiophene to phenanthrene and pristane to phytane as indicators of depositional environment and lithology of petroleum source rocks [J]. Geochimica et Cosmochimica Acta, 59 (17): 3581–3598.

Jiamo F, Guoying S, Pingan P, et al. 1986. Peculiarities of salt lake sediments as potential source rocks in China [J].Organic Geochemistry, 10 (1–3): 119–126.

Li M, Simoneit B R T, Zhong N, et al. 2013. The distribution and origin of dimethyldibenzothiophenes in sediment extracts from the Liaohe Basin, East China [J]. Organic Geochemistry, 65: 63–73.

Li M, Wang T G, Simoneit B R T, et al. 2012. Qualitative and quantitative analysis of dibenzothiophene, its methylated homologues, and benzonaphthothiophenes in crude oils, coal, and sediment extracts [J]. Journal of Chromatography A, 1233 (none): 126–136.

Li M, Wang T, Ju L, et al. 2008. Total alkyl dibenzothiophenes content tracing the filling pathway of condensate reservoir in the Fushan Depression, South China Sea. Sci. China, Ser. A D 51, 138–145.

Moldowan J M, Seifert W K, Gallegos E J. 1985. Relationship between petroleum compositional environment of petroleum source rocks [J].AAPG bulletin, 69 (8): 1255–1268.

Ourisson G, Rohmer M. 1982. Prokaryotic Polyterpenes: Phylogenetic Precursors of Sterols [J].Current Topics in Membranes and Transport, 17 (6): 153–182.

Palmer S E. 1984. Effect of water washing on C15+ hydrocarbon fraction of crude oils from northwest Palawan, Philippines [J].AAPG Bulletin, 68 (2): 137–149.

Peters, K E, Moldowan, et al. 1993. The Biomarker Guide: Interpreting Molecular Fossils in Petroleum and Ancient Sediments. Prentice Hall, Englewood Cliffs, New Jersey.

Peters, K E, Walters, et al. 2005. The Biomarker Guide: Biomarkers and Isotopes in Petroleum Exploration and Earth History. Seconded, vol. 2. Cambridge University Press, Cambridge, pp. 612–613.

Philp R P, Gilbert T D. 1986. Biomarker distributions in Australian oils predominantly derived from terrigenous source material [J]. Organic Geochemistry, 10 (1–3): 1–84.

Radke M, Rullk–3689.

Radke M, Welte D H, Willsch H. 1982. Geochemical study on a well in the Western Canada Basin: relation of the aromatic distribution pattern to maturity of organic matter [J]. Geochimica et Cosmochimica Acta, 46 (1): 1–10.

Radke M, Willsch H. 1994. Extractable alkyldibenzothiophenes in Posidonia Shale (Toarcian) source rocks: Relationship of yields to petroleum formation and expulsion [J]. Geochimica et Cosmochimica Acta, 58 (23): 5223–5244.

Radke M. 1988. Application of aromatic compounds as maturity indicators in source rocks and crude oils [J]. Marine and Petroleum Geology, 5 (3): 224–236.

Summons R E, Volkman J K, Boreham C J. 1987. Dinosterane and other steroidal hydrocarbons of dinoflagellate origin in sediments and petroleum [J].Geochimica et Cosmochimica Acta, 51 (11):

3075-3082.

Ten Haven H L, Rohmer M. 1986. Rullkthe most likely precursor of gammacerane, occurs ubiquitously in marine sediments [J] .Geochimica et Cosmochimica Acta, 53（11）: 3073-3079.

Venkatesan M I. 1989. Tetrahymanol: its widespread occurrence and geochemical significance [J] . Geochimica et Cosmochimica Acta, 53（11）: 3095-3101.

Volkman J K. 1989. Fatty acids of microalgae used as feedstocks in aquaculture [J] .

Wan L, Liu J, Mao F, et al. 2014. The petroleum geochemistry of the Termit Basin, Eastern Niger [J] . Marine & Petroleum Geology, 51（2）: 167-183.

Wang T, He F, Li M, et al. 2004. Alkyldibenzothiophenes: molecular tracers for filling pathway in oil reservoirs [J] . Chinese Science Bulletin, 49（22）: 2399-2404.

# 第六章　油气运移方向与充注途径示踪研究

对 Termit 盆地共 58 件原油样品进行了系统的地球化学分析测试，根据原油分子标志物的组成特征，筛选合适的地球化学示踪参数，对尼日尔 Termit 盆地原油的运移方向和充注途径进行了地球化学示踪。作为适于分子参数示踪石油充注方向与途径研究的前提条件，所研究的 58 件原油样品需属于同一族群，为第 I 族群，且这些原油源自于同一烃源灶并具有相似的成藏 / 充注史。

## 第一节　油藏地球化学基本原理及研究进展

油藏地球化学是应用经典的地球化学（无机和有机地球化学）理论，结合油藏工程、石油工程和地质学的理论和方法，揭示油藏中有机与无机相互作用的机理，油藏流体非均质性的分布规律和形成机制，探索油气田储层（油藏）充注过程、聚集历史、成藏机制以及油田开发过程中动态监测技术等应用领域的一门地球化学的分支学科。

油藏地球化学把有机地球化学在油气勘探中的研究重点从传统的烃源岩地球化学发展到成藏过程、油藏评价及油田开发管理等领域，具有很强的理论性和实践性，是20 世纪 90 年代初以来，有机地球化学领域一个新的学科生长点（England 等，1987；England 等，1990；Cubitt 和 England，1995；张枝焕等，1998；王铁冠和张枝焕，1997；王铁冠等，2005）。

### 一、油藏地球化学主要研究内容

油藏地球化学的研究领域极其广泛，可以涵盖油田勘探、储层（油藏）评价以及油藏开发全过程。

在油田勘探方面，主要涉及：（1）根据试井原油的地球化学特征来推测烃源岩的类型和成熟度；（2）通过对油田充注点或运移路径的研究，厘定新的卫星油田位置和区域性运移路线；（3）盆地古水文环境或原油蚀变控制因素的综合评定；（4）油气藏封闭性确定。

在储层或油藏评价方面，主要包括：（1）油藏的地球化学描述，流体界面的确定，油气水层的识别；（2）油藏连通性和分隔性确定；（3）为投资和决策需要，评定油柱质量和历史；（4）含水饱和度（$S_w$）的计算；（5）焦油席（Tar mat）的厘定与地球化学特征及形成机制研究；（6）与脱沥青有关的潜在开采问题的鉴别。

在油田开发和采油动态监测中的应用主要包括：（1）屏障（边界）定位与采油生产

模式；（2）为评价采油生产计划所进行的生产动态监测；（3）管道漏失评定—混合开采问题；（4）注入突进的评价；（5）油藏酸化机理等。

因此，油藏地球化学是一门具有广泛实践应用前景的学科分支。目前在油气勘探领域，主要研究油气运移方向和充注途径、油气成藏期次与时间。根据重建的油气成藏历史和过程，预测烃源灶的方位、优势的充注途径，从而预测有利的勘探区和"卫星"油气藏，因而非常适合于"滚动勘探"阶段的油气成藏研究。本文主要采用分子地球化学参数，示踪 Termit 盆地油气运移方向和充注途径，采用储层流体包裹体观测与埋藏史—热史重建相结合的方法，确定油气成藏期次和时间，从而确定 Termit 盆地油气成藏历史和过程。

## 二、油气运移方向和充注途径示踪基本原理

基于前人建立的油藏充注模式（England 等，1987），石油运移／油藏充注过程是一个持续相当长时间的过程，先期注入的石油成熟度相对较低，而后期注入的石油成熟度相对较高。在油藏的充注过程中，实际上是后期成熟度较高的石油驱动先期成熟度较低的石油，以"波阵面"的推进方式，持续向前运移／充注，直到充注过程全部完成，从而导致油藏内部石油存在一定的成熟度差异，以及原油化学组成、物理性质的非均质性。因此，在一个油藏内，可以依据先、后期注入石油的成熟度微细差异，表征石油的运移／充注过程，即从原油成熟度相对较高的部位，向成熟度相对较低部位的指向或路线，可以示踪石油运移／油藏充注的方向与途径；油藏内成熟度最高的地点最接近于烃源灶的位置，可以标志油藏充注点的位置所在（England 等，1990；Cubitt 和 England，1995），这是油藏地球化学直接应用于石油勘探的基本原理。

在含油气盆地的早期勘探阶段，有机地球化学在烃源岩评价、油气资源潜力、有利含油气区带优选、油气成因与油—源对比等研究领域发挥了重要作用。随着勘探的进展，特别是含油气盆地的勘探中后期，烃源岩评价、资源潜力、油气成因等认识已趋于成熟，传统的烃源岩地球化学在勘探中的实践作用越来越有限。而油藏地球化学研究在勘探成熟盆地中却可以发挥积极的作用，例如油藏充注途径和充注点方位的确定，即可配合滚动勘探开发，根据已发现油气藏，预测"卫星"油气藏位置。

目前，随着我国陆上含油气盆地大规模的勘探领域越来越少，油气勘探逐渐走向海洋。众所周知，海洋油气钻探成本高、风险大、钻井少、取心少，专门针对烃源岩的取心则更少。由于缺乏有效的烃源岩样品，对烃源岩评价、资源潜力及油气成因及来源等认识受到严重制约。而油藏地球化学研究可以根据已发现石油的物理性质和化学组成变化特征，确定油气运移方向和油藏充注途径、定位成藏机制、从而预测烃源灶的方位。即使缺乏烃源岩评价数据，仍然可以预测烃源灶的方位和地球化学性质，从已发现油气藏出发，沿着潜在烃源灶上游方向上的有利圈闭即是有利的勘探目标。

油藏地球化学用于石油运移方向和油藏充注途径示踪的基本原理在于成熟度梯度原理和"地色层分馏"效应。在一个油藏／油田或者一个含油气区带范围内，源自同一烃

源灶的原油，成熟度的差异主要反映成藏时间早晚，先期充注的石油成熟度较后期充注的石油相对偏低，成熟度相对最高的石油分布在最接近油藏充注点的地带，原油成熟度显著降低的轨迹，即可示踪石油运移的方向。另外，因一些化合物在运移过程中与输导层介质的相互作用，化合物的含量会发生变化，不同类型或者同种类型不同异构体的化合物，由于结构和性质不同，受到输导层介质的作用也不同，因而可利用一些化合物含量和相对含量的变化来示踪石油运移的方向。

### 三、运移示踪地球化学指标研究进展

20 世纪 90 年代中期以来，研究者提出一系列咔唑、苯并咔唑类等中性含氮化合物相关的示踪地球化学指标（Stoddart 等，1995；Li 等，1995；Li 等，1998；Li 等，1999；Larter 等，1996；王铁冠等，2000；Zhang 等，2008），其中咔唑类含氮化合物总量、苯并咔唑 [a]/([a]+[c]) 等示踪参数在油藏地球化学研究中已得到广泛的应用。$C_{27}$ 三降藿烷相关的 Ts/(Ts+Tm)、三甲基萘相关的 TMNr 等成熟度参数也得到了成功的应用（李洪波等，2013；Song 等，2013；Li 等，2010）。目前在油气运移方向示踪地球化学指标及输导层的地球化学研究等方面取得了如下重要进展。

（1）基于二苯并噻吩类含硫多环芳香烃化合物的示踪标志物研究和相关示踪指标的建立。基于分子结构的热稳定性以及氢键形成机理，王铁冠等（2005、2008）认为烷基二苯并噻吩类参数 4-/1- 甲基二苯并噻吩（MDR），2，4-/1，4- 二甲基二苯并噻吩（2，4-/1，4-DMDBT）和 4，6-/1，4- 二甲基二苯并噻吩（4，6-/1，4-DMDBT），兼备表征有机质成熟度及油气运移的属性，可以作为示踪油藏充注方向与途径的有效分子参数。这些参数在珠江口盆地新近系砂岩孔隙型油藏与塔里木盆地塔河油田奥陶系碳酸盐岩岩溶缝洞网络型油藏中首次成功试用。王铁冠等（2005、2008）、李美俊等（2008）认为石油中的烷基二苯并噻吩类含硫多环芳烃化合物具有类似于咔唑类含氮化合物的结构和性质，在石油运移过程中，同样可以和输导层介质产生运移分馏效应。采用标样共注和标准保留指数对比等方法，对石油中的烷基（$C_1 \sim C_4$）取代二苯并噻吩、苯并萘并噻吩异构体进行了定性鉴定，采用加入定量的氘代二苯并噻吩内标的方法，对石油中的烷基二苯并噻吩和苯并萘并噻吩进行了绝对定量（Xiao 等，2016；Li 等，2008；李美俊等，2008；Li 等，2012），获得了一个新的油气运移方向示踪地球化学指标——二苯并噻吩总量，并在陆相断陷盆地中首次试用（Li 等，2008）。最近的研究成果发现，苯并萘并噻吩（[2，1]BNT）和苯并萘并噻吩（[1，2]BNT）分别具有类似于苯并咔唑和苯并咔唑的结构和性质，因而 [2，1]BNT/([2，1]BNT+[1，2]BNT) 可以示踪油气运移的方向（李美俊等，2014），该参数在塔里木盆地塔河油田奥陶系碳酸盐岩和北部湾盆地砂岩油藏中得到初步应用（Li 等，2012；李美俊等，2014；Li 等，2014；Yang 等，2016）。随后，方镕慧等（2016）进一步提出了三甲基二苯并噻吩相关的示踪指标，并成功应用于塔里木盆地塔北隆起奥陶系油藏的油气运移示踪。

（2）基于二苯并呋喃类含氧多环芳烃化合物的示踪标志物研究和相关示踪指标的提出。石油中的二苯并呋喃类含氧多环芳烃具有类似于咔唑和二苯并噻吩的分子结构和化学性质，由于氧原子高的电负性，同样可以与输导层介质形成氢键而产生运移分馏效应，研究结果也初步证实石油中的二苯并呋喃总量是有效的石油运移方向示踪参数。和咔唑类含氮化合物相比，二苯并噻吩类含硫和二苯并呋喃类含氧多环芳烃化合物具有实验分析简单、参数易得、精度高、适用油藏类型多等优点（Fang 等，2017；李美俊等，2011）。

李美俊等（2018）采用分子模拟方法，从理论上计算了甲基二苯并呋喃异构体与 SiO$_2$ 分子作用力的差异，结果发现 1−甲基二苯并呋喃（1−MDBF）与输导层介质（SiO$_2$）的吸附能要高于 4−MDBF，因此来自同一烃源岩的原油，在运移过程中与输导层介质的吸附作用较强，1−MDBF/4−MDBF 的比值随运移距离增加逐渐减小，因此，该比值减小的方向可以指示油气运移的方向，并在塔里木盆地哈拉哈塘奥陶系油藏中得到了成功应用。

（3）基于地球化学—地球物理测井学的油气运移层段研究和有效输导层预测技术。油藏地球化学方法可以示踪油气运移的方向和趋势，预测烃源灶的方位，油气是否沿某个输导层发生过运移和充注成藏过程，还需要动力学方面的证据。可以根据地下油气藏的油、气、水实测密度差异建立浮力模型，然后根据测井曲线结合岩心分析，建立砂岩泥质含量、孔隙度、渗透率以及排驱压力模型，其次依照排驱压力曲线确定油气运移封闭面，然后检测出浮力大于排驱压力的砂岩层段，筛选可能的输导层，最后结合油气地质学与地球化学对烃类的测试结果，厘定有效的砂岩输导层。

## 第二节　油气运移分子示踪参数优选

对全部 58 件原油样品的饱和烃、芳香烃、非烃馏分进行了色谱质谱分析，得到了甾萜类生物标志物化合物组成，二苯并噻吩类含硫多环芳香烃以及咔唑类含氮化合物的组成和分布特征，初步计算了二苯并噻吩含硫多环芳香烃相关的参数：（2，4−/1，4−DMDBT）、4−/1−MDBT，咔唑类含氮化合物相关的从参数，以及饱和烃馏分中萜烷类化合物相关的参数：Ts/（Ts+Tm）等，从中筛选出对研究区示踪效果较好的两类分子示踪参数，即 C$_{27}$ 三降藿烷 / 新藿烷参数 Ts/（Ts+Tm）和二苯并噻吩参数（2，4−/1，4−DMDBT）来示踪 Termit 盆地油气充注运移方向和充注途径。

## 第三节　油气运移方向和充注途径示踪结果

计算所有原油样品的 Ts/（Ts+Tm）和 2，4−/1，4−DMDBT 的参数值，并绘制参数值等值线图。Sokor 组油藏共划分了 E1、E2、E3、E4 和 E5 共 5 个油组，为了考察运移示踪参数受垂向运移的影响，先对每个油组的原油样品勾绘了参数等值线图，最后又将5 个油组的数据合并在一起作图，看示踪结果是否一致。

## 一、Ts/（Ts+Tm）参数示踪油气运移方向

图 6-1 至 图 6-4 分 别 为 Termit 盆 地 Sokor1 组 E1、E2、E3、E4—E5 层 原 油 Ts/（Ts+Tm）参数等值线图，图 6-5 为 Termit 盆 Sokor1 组所有油组的原油 Ts/（Ts+Tm）参数等值线图。总体来说，靠近南部 Moul 凹陷和北部 Dinga 凹陷中心的原油参数值较高，而盆地凹陷周缘斜坡的原油参数值相对较低。前述研究已经表明，本次研究的原油与前期原油属于同一族群，故可以有效地示踪油气运移方向。图中 Ts/（Ts+Tm）数值递减的方向即指示油气运移 / 油藏充注的方向，多条等值线并行套叠，并系统地向前方凸出弯曲拐点所构成的轨迹，可表征油气运移 / 油藏充注的主要途径。

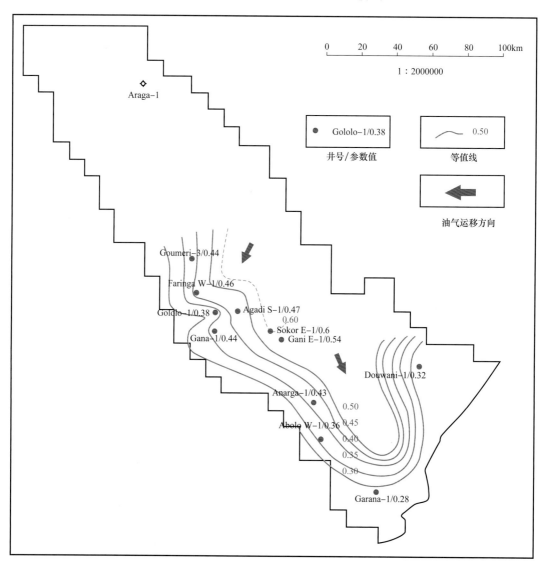

图 6-1　尼日尔 Termit 盆地 Sokor1 组 E1 层 Ts/（Ts+Tm）值等值线图

其中图 6-1 为 Termit 盆地 Sokor1 组 E1 原油三环萜烷 Ts/（Ts+Tm）参数等值线图。Sokor1 组 E1 共 11 口采样井，采样井主要位于 Dinga 断阶带和 Yogou 斜坡带，而在 Araga 地堑和 Fana 低凸起，特别是盆地 Dinga 凹陷和 Moul 凹陷带的油井少。其中 Sokor E-1 井具有最高的参数值，为 0.60；而 Garana-1 井具有最低的参数值，为 0.28。Ts/（Ts+Tm）数值递减的方向即指示油气运移 / 油藏充注的方向，总体上 Sokor1 组 E1 原油运移方向为由盆地南部 Moul 凹陷中心向 Yogou 斜坡运移，由北部 Dinga 凹陷中心向 Dinga 断阶带运移。

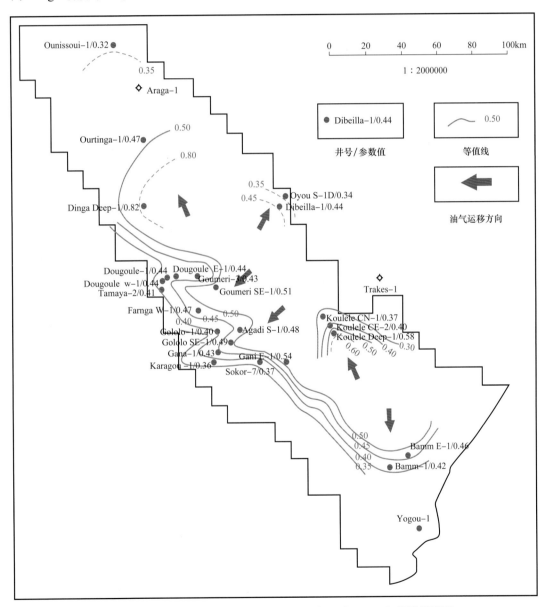

图 6-2　尼日尔 Termit 盆地 Sokor1 组 E2 层 Ts/（Ts+Tm）值等值线图

图 6-2 为 Termit 盆地 Sokor1 组 E2 原油三环萜烷 Ts/（Ts+Tm）参数等值线图。Sokor1 组 E2 共 24 口采样井，采样井主要位于 Dinga 断阶带以及 Fana 低凸起带，在 Yogou 斜坡带、Araga 地堑、Dinga 凹陷以及 Moul 凹陷带的油井少。其中 Dinga D-1 井具有最高的参数值，为 0.82；而 Ounissoui-1 井具有最低的参数值，为 0.32。Ts/（Ts+Tm）数值递减的方向即指示油气运移/油藏充注的方向，总体上 Sokor1 组 E2 原油运移方向为盆地南部由 Moul 凹陷中心向 Yogou 斜坡和 Fana 低凸起两个方向运移，由盆地北部 Dinga 凹陷中心向 Dinga 断阶带和 Araga 地堑运移。

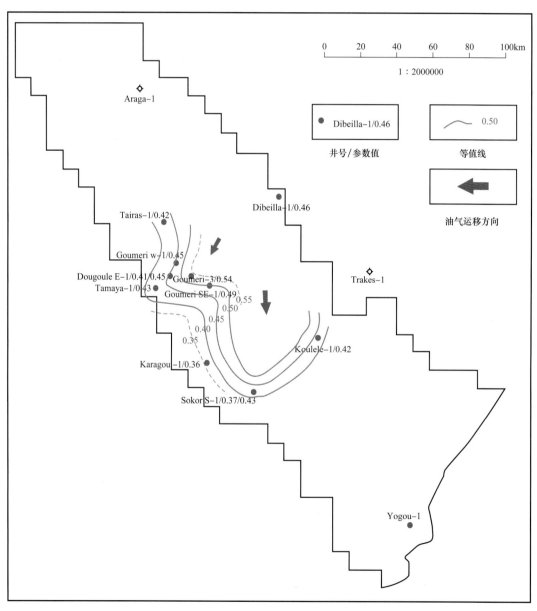

图 6-3　尼日尔 Termit 盆地 Sokor1 组 E3 层 Ts/（Ts+Tm）值等值线图

图 6-3 为 Termit 盆地 Sokor1 组 E3 原油三环萜烷 Ts/（Ts+Tm）参数等值线图。Sokor1 组 E3 共 10 口采样井，采样井主要位于 Dinga 断阶带，在 Fana 低凸起、Yogou 斜坡带、Araga 地堑以及盆地 Dinga 凹陷和 Moul 凹陷带的油井少。其中 Gomeri-3 井具有最高的参数值，为 0.54；而 Karagou-1 井具有最低的参数值，为 0.36。Ts/（Ts+Tm）数值递减的方向即指示油气运移/油藏充注的方向，总体上 Sokor1 组 E3 原油运移方向为由盆地北部 Dinga 凹陷中心向 Dinga 断阶带运移。

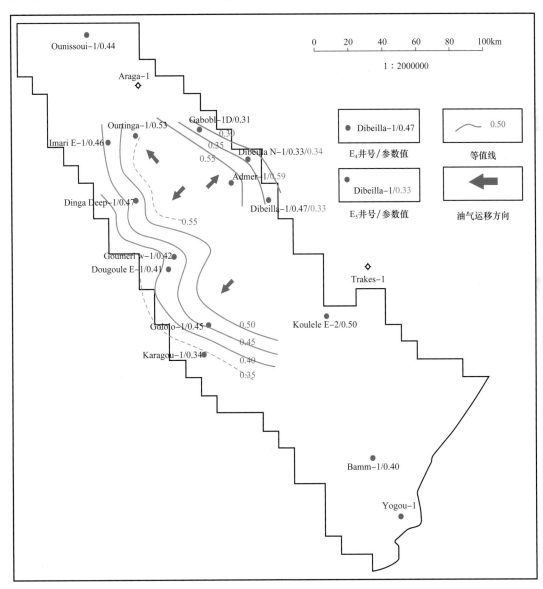

图 6-4　Termit 盆地 Sokor1 组 E4—E5 层 Ts/（Ts+Tm）值等值线图

图 6-4 为 Termit 盆地 Sokor1 组 E4—E5 原油三环萜烷 Ts/（Ts+Tm）参数等值线图。Sokor1 组 E4—E5 共 14 口采样井，采样井主要位于 Dinga 断阶带和 Araga 地堑，

在 Yogou 斜坡带、Fana 低凸起以及盆地 Dinga 凹陷和 Moul 凹陷带的油井少。其中 Admer-1 井具有最高的参数值，为 0.59；而 Karagou-1 井具有最低的参数值，为 0.34。Ts/（Ts+Tm）数值递减的方向即指示油气运移/油藏充注的方向，总体上 Sokor1 组 E4—E5 原油运移方向为由盆地北部 Dinga 凹陷中心向 Dinga 断阶带和 Araga 地堑运移。

将 5 个油组，即 Sokor1 组油层所有原油样品的参数值投到一张图上，得到 Termit 盆地 Sokor1 组原油 Ts/（Ts+Tm）等值线图（图 6-5），结果发现 Termit 盆地 Sokor1 组原油油气运移的方向和充注途径与各个油组单独成图得出的结果基本一致，北部原油由 Dinga 凹陷中心向西侧 Dinga 斜坡和东侧 Araga 地堑运移；由 Moul 凹陷中心向 Fana 低凸起和西南侧的 Yogou 斜坡运移。

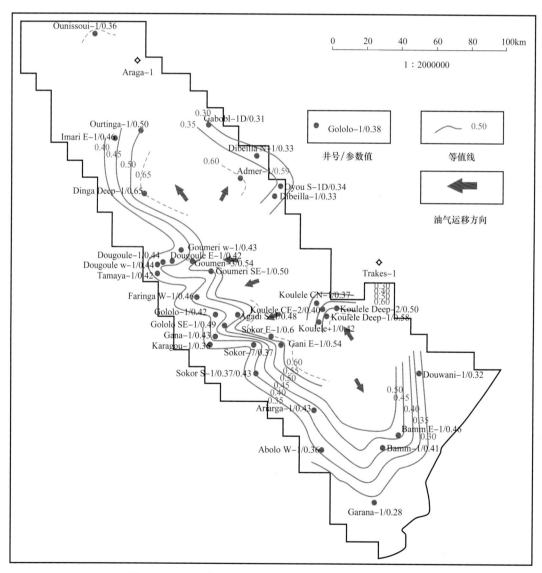

图 6-5  Termit 盆地 Sokor1 组 Ts/（Ts+Tm）值等值线图

## 二、二苯并噻吩 2,4–/1,4–MDBT 示踪油气运移 / 充注方向

王铁冠等（2005）提出，烷基二苯并噻吩 DBTs 分子参数（例如 4–/1–MDBT、2，4–/1,4–DMDBT）可作为示踪油气运移与油藏充注途径的有效参数，这些参数在塔里木盆地海相碳酸盐岩油藏（王铁冠等，2005；Wang 等，2008；Xiao 等，2016；Fang 等，2016；Li 等，2018）以及南海北部边缘北部湾盆地陆相砂岩油藏（李美俊等，2008；李美俊等，2015；Yang 等，2016）得到了成功应用。相对于咔唑类含氮化合物，二苯并噻吩类参数具有如下优势：（1）适用油藏类型多样，对轻质油、凝析油以及高成熟原油都适用；（2）含量较高，参数精度高；（3）分析方法简便，实验成本低。本次研究选取了其中一个代表性参数：2,4–/1,4–DMDBT 对 Termit 盆地 Sokor 组原油的运移方向和充注途径进行示踪。

图 6–6 至图 6–9 分别为 Termit 盆地 Sokor1 组 E1、E2、E3、E4—E5 层含硫多环芳香烃化合物烷基二苯并噻吩参数 2,4–/1,4–DMDBT 等值线图，图 6–10 为 Termit 盆 Sokor1 组全部原油 2,4–/1,4–DMDBT 参数等值线图。总体来说，靠近南部 Moul 凹陷和北部 Dinga 凹陷中心的原油 2,4–/1,4–DMDBT 参数值较高，而盆地凹陷周缘斜坡的原油参数值相对较低。其中 2,4–/1,4–DMDBT 参数低值约为 0.4，油井主要位于 Dinga 断阶，2，4–/1，4–DMDBT 参数最大值为 0.86，井位靠近北部 Dinga 凹陷中心。图 6–10 中 2，4–/1，4–DMDBT 数值递减的方向即指示油气运移 / 油藏充注的方向，多条等值线并行套叠，并系统地向前方凸出弯曲拐点所构成的轨迹，可表征油气运移 / 油藏充注的主要途径。

其中图 6–6 为 Termit 盆地 Sokor1 组 E1 层原油含硫多环芳香烃化合物烷基二苯并噻吩参数 2,4–/1,4–DMDBT 等值线图。Sokor1 组 E1 层共 11 口采样井，采样井主要位于 Dinga 断阶带和 Yogou 斜坡带，而在 Araga 地堑和 Fana 低凸起，特别是盆地 Dinga 凹陷和 Moul 凹陷带的油井少。其中 Garana–1 井具有最高的参数值，为 0.73，而 Gololo–1 井具有最低的参数值，为 0.38。2,4–/1,4–DMDBT 数值递减的方向即指示油气运移 / 油藏充注的方向，总体上 Sokor1 组 E1 层原油运移方向为由盆地南部 Moul 凹陷中心向 Yogou 斜坡运移，由北部 Dinga 凹陷中心向 Dinga 断阶带运移。

图 6–7 为 Termit 盆地 Sokor1 组 E2 层原油含硫多环芳香烃化合物烷基二苯并噻吩参数 2,4–/1,4–DMDBT 等值线图。Sokor1 组 E2 层共 24 口采样井，采样井主要位于 Dinga 断阶带及 Fana 低凸起，在 Yogou 斜坡带、Araga 地堑以及盆地 Dinga 凹陷和 Moul 凹陷带的油井少。其中 Ourtinga–1 井具有最高的参数值，为 0.95；而 Gololo–1 井具有最低的参数值，为 0.33。2,4–/1,4–DMDBT 数值递减的方向即指示油气运移 / 油藏充注的方向，总体上 Sokor1 组 E2 层原油运移方向为盆地南部由 Moul 凹陷中心向 Yogou 斜坡和 Fana 低凸起带，由盆地北部 Dinga 凹陷中心向 Dinga 断阶带和 Araga 地堑运移。

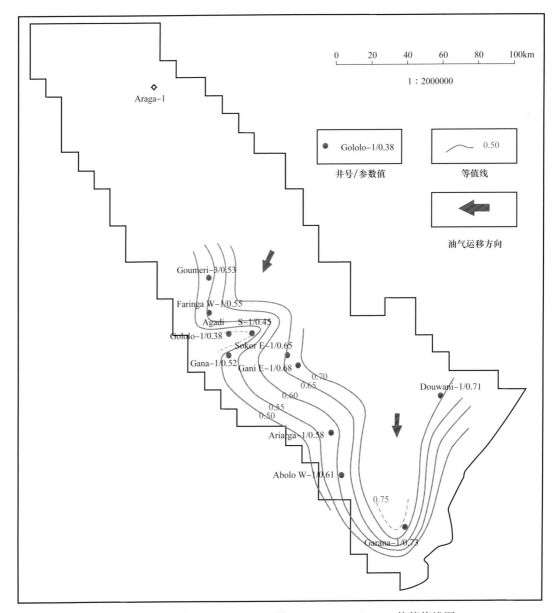

图 6-6　Termit 盆地 Sokor1 组 E1 层 2，4-/1，4-DMDBT 值等值线图

图 6-8 为 Termit 盆地 Sokor1 组 E3 原油含硫多环芳香烃化合物烷基二苯并噻吩参数 2，4-/1，4-DMDBT 等值线图。Sokor1 组 E3 共 10 口采样井，采样井主要位于 Dinga 断阶带，在 Fana 低凸起、Yogou 斜坡带、Araga 地堑及盆地 Dinga 凹陷和 Moul 凹陷带的油井少。其中 Gomeri SE-1 井具有最高的参数值，为 0.98；而 Karagou-1 井和 Sokor S-1 井具有最低的参数值，为 0.42。2，4-/1，4-DMDBT 数值递减的方向即指示油气运移/油藏充注的方向，总体上 Sokor1 组 E3 原油运移方向为由盆地北部 Dinga 凹陷中心向 Dinga 断阶带运移。

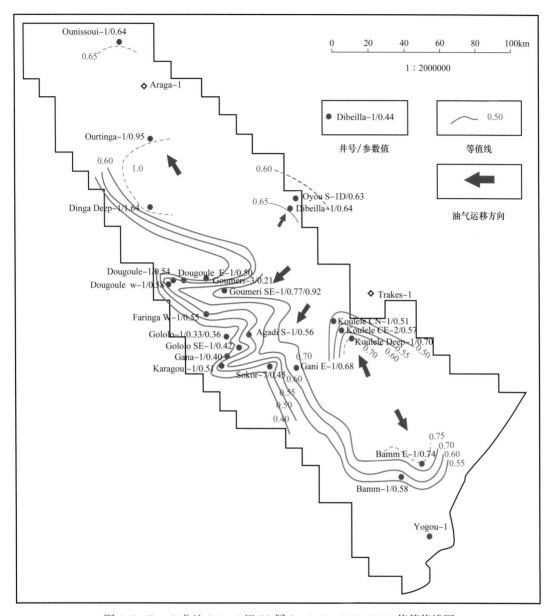

图 6-7　Termit 盆地 Sokor1 组 E2 层 2，4-/1，4-DMDBT 值等值线图

图 6-9 为 Termit 盆地 Sokor1 组 E4—E5 原油含硫多环芳烃化合物烷基二苯并噻吩参数 2,4-/1,4-DMDBT 等值线图。Sokor1 组 E4—E5 共 14 口采样井，采样井主要位于 Dinga 断阶带、Araga 地堑，在 Yogou 斜坡带、Fana 低凸起以及盆地 Dinga 凹陷和 Moul 凹陷带的油井少。其中 Dibeilla-1 井具有最高的参数值，为 0.77；而 Gabobl-1 井具有最低的参数值，为 0.34。2,4-/1,4-DMDBT 数值递减的方向即指示油气运移 / 油藏充注的方向，总体上 Sokor1 组 E4—E5 原油运移方向是由盆地北部 Dinga 凹陷中心向 Dinga 断阶带和 Araga 地堑运移。

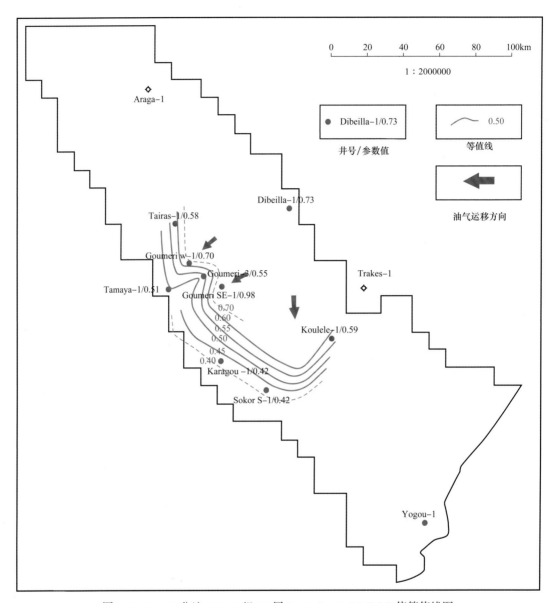

图 6-8　Termit 盆地 Sokor1 组 E3 层 2，4-/1，4-DMDBT 值等值线图

图 6-10 是综合了 Termit 盆地 Sokor1 组所有油组原油样品的 2,4-/1,4-DMDBT 参数值的等值线图，所指示的原油运移方向与各个油组所指示的原油方向基本一致，而且与前述 Ts/（Ts+Tm）参数值所指示的油气运移方向也基本一致，即油气运移的方向为由 Dinga 凹陷中心向西侧 Dinga 斜坡和东侧 Araga 地垒运移；由 Moul 凹陷中心向 Fana 低凸起和西南侧的 Yogou 斜坡运移。

图 6-11 是 Termit 盆地北东—南西向一条代表性剖面，从南西到北东方向依次为西部台地、Dinga 断阶带、Dinga 凹陷、Araga 地垒和东部台地等构造单元，依次过 Dougoule E-1 井（DE-1）井、Goumeri-3（G-3）井、Goumeri SE-1（GSE-1）井、

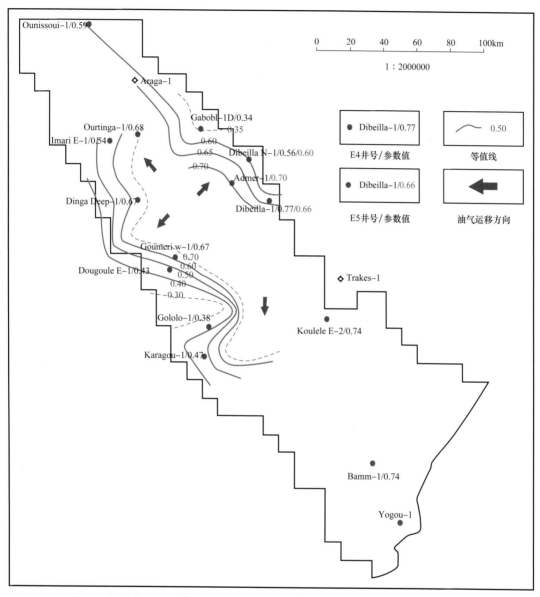

图 6-9　尼日尔 Termit 盆地 Sokor1 组 E4—E5 层 2，4-/1，4-DMDBT 值等值线图

Admer-1（AD-1）井和 Dibeilla N-1（DN-1）井等，图中井上的数据分别为 Ts/（Ts+Tm）
和 2,4-/1,4-DMDBT 参数值。可以看出，在 Dinga 断阶，从北东往南西，即 GSE-1
到 G-3，再到 DE-1 井，Ts/（Ts+Tm）值和 2,4-/1,4-DMDBT 值依次减小，清楚地
指示了在 Dinga 断阶自北东往南西的油气运移方向。在 Araga 地堑，从 AD-1 井到
DN-1 井，上述两个参数值也依次降低，指示油气在 Araga 地堑，从北西往南东的运
移方向。

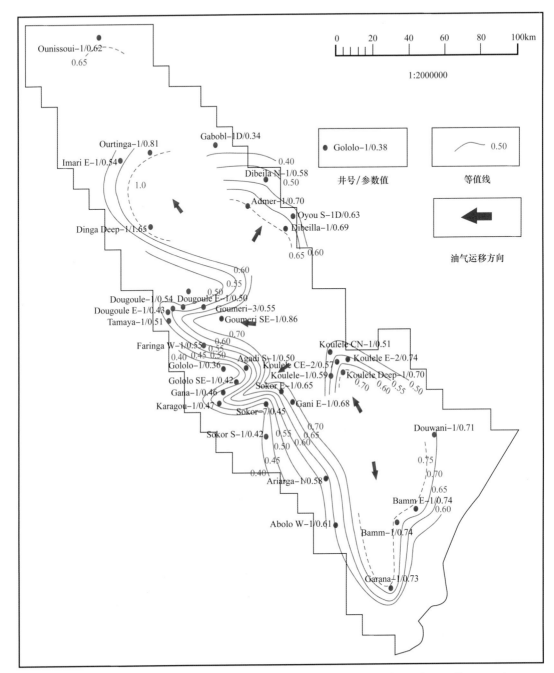

图 6-10 尼日尔 Termit 盆地 Sokor1 组 2，4-/1，4-DMDBT 值等值图（据 Liu 等，2019）

为了研究这些参数值是否受垂向运移的影响，本文讨论了 Ts/（Ts+Tm）和 2,4-/1, 4-DMDBT 参数值随深度变化关系，如图 6-12 所示，从 E5 到 E1 油组，埋深从深到浅，参数值变化没有任何规律，表明这些参数值受垂向运移的影响小。

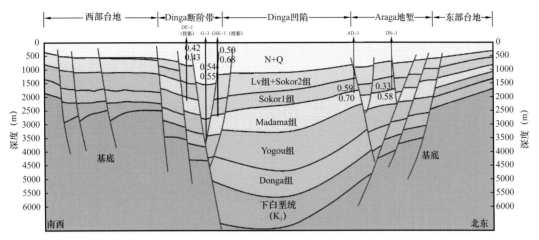

图 6-11 尼日尔 Termit 盆地北东—南西向油藏剖面代表性示踪参数分布（据 Liu 等，2019）

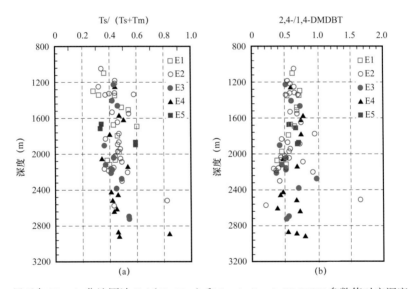

图 6-12 尼日尔 Termit 盆地原油 Ts/（Ts+Tm）和 2，4-/1，4-DMDBT 参数值对应深度关系图

## 参 考 文 献

程克明，王铁冠，钟宁宁，等 . 烃源岩地球化学［M］. 北京：科学出版社，1995.

李洪波，王铁冠，李美俊 . 2013. 塔北隆起雅克拉凝析油气田油气充注途径示踪［J］. 石油学报，34（2）：219-224.

李美俊，师生宝，王铁冠，等 . 石油和沉积有机质中 C3-、C4- 烷基取代二苯并噻吩的鉴定［J］. 地球化学，2014，43（2）：157-165.

李美俊，王铁冠，刘菊，等 . 2008. 烷基二苯并噻吩总量示踪福山凹陷凝析油藏充注途径［J］. 中国科学（D 辑：地球科学），（S1）：125-131.

李美俊，王铁冠，杨福林，等 . 2011. 凝析油藏充注方向示踪分子标志物：烷基二苯并呋喃［J］. 石油天然气学报，33（3）：6-11，17.

李美俊，王铁冠．2015.油藏地球化学在勘探中的研究进展及应用：以北部湾盆地福山凹陷为例［J］.
地学前缘，22（1）：215-222.

王铁冠，何发岐，李美俊，等．2005.烷基二苯并噻吩类：示踪油藏充注途径的分子标志物［J］.科学
通报，50（2）：176-182.

王铁冠，何发岐，李美俊，等．2005.烷基二苯并噻吩类：示踪油藏充注途径的分子标志物［J］.科学
通报，50（2）：176-182.

王铁冠，李素梅，张爱云，等．2000.应用含氮化合物探讨新疆轮南油田油气运移［J］.地质学报，74
（1）：85-93.

王铁冠，张枝焕．1997.油藏地球化学的理论与实践［J］.科学通报，42（19）：2017-2025.

张利文，李美俊，杨福林．2012.二苯并呋喃地球化学研究进展及作为油藏充注示踪标志物的化学机理
［J］.石油与天然气地质，33（4）：633-639.

张枝焕，王铁冠，常象春．1998.地球化学在油藏评价和油田开发管理中的应用前景［J］.世界地质，
17（3）：41-48.

Cubitt J M，England W A. 1995. The geochemistry of reservoirs［M］. London：Geological Society.

England W A，Mackenzie A S，Mann D M，et al. 1987.The movement and entrapment of petroleum fluids
in the subsurface［J］. Journal of the Geological Society，144（2）：327-347.

England W A. 1990. The organic geochemistry of petroleum reservoir［J］. Organic Geochemistry,16（1-3）：
415-425.

Fang R，Li M，Wang T G，et al. 2017. Trimethyldibenzothiophenes：molecular tracers for filling pathways
in oil reservoir［J］. Journal of Petroleum Science and Engineering，159：451-460.

Fang R，Wang T G，Li M，et al. 2016. Dibenzothiophenes and benzo［b］naphthothiophenes：Molecular
markers for tracing oil filling pathways in the carbonate reservoir of the Tarim Basin，NW China［J］.
Organic geochemistry，91：68-80.

Larter S R，Bowler B，Li M，et al. 1996. Molecular indicators of secondary oil migration distance［J］.
Nature，383：593-597.

Li M，Fowler M G，Obermajor M，et al. 1999. Geochemical characterization of Middle Devonian oils in
NW Alberta，Canada：possible source and maturity effect on pyrrolic nitrogen compounds［J］：Organic
Geochemistry，30：1039-1057.

Li M，Larter S R，Stoddart D，et al. 1995.Fractionation of pyrrolic nitrogen compounds in petroleum during
migration：derivation of migration-related geochemical parameters［M］. The Geochemistry of Reservoir.
London：The Geological Society，103-124.

Li M，Liu X，Wang T G，et al. 2018. Fractionation of dibenzofurans during subsurface petroleum
migration：Based on molecular dynamics simulation and reservoir geochemistry［J］. Organic
Geochemistry，115，220-232.

Li M，Wang T G，Liu J，et al. 2008. Total alkyl dibenzothiophenes content tracing the filling pathway of condensate reservoir in the Fushan depression，South China Sea［J］. Science in China（Series D），51（Supp）：138-145.

Li M，Wang T G，Liu J，et al. 2010.Alkyl naphthalenes and phenanthrenes：molecularMarkers for tracing light oil and condensate reservoirs filling pathway［J］. Acta Geologica Sinica，85（5）：1294-1305.

Li M，Wang T G，Shi S，et al. 2014. Benzo［b］naphthothiophenes and alkyl dibenzothiophenes：Molecular tracers for oil migration distances［J］.Marine and Petroleum Geology，57（11）：403-417.

Li M，Wang T G，Simoneit B R T，et al. 2012. Qualitative and quantitative analysis of dibenzothiophene，its methylated homologues，and benzonaphthothiophenes in crude oils，coal，and sediment extracts［J］. Journal of Chromatography A，1233：126-136.

Li M，Wang T G，Xiao Z，et al. 2018. Practical Application of Reservoir Geochemistry in Petroleum Exploration：Case Study from a Paleozoic Carbonate Reservoir in the Tarim Basin（Northwestern China）［J］. Energy & fuels，32（2）：1230-1241.

Li M，You H，Fowler M G，et al. 1998. Geochemical constraints on models for secondary petroleum migration along the Upper Devonian Rimbey-Meadowbrook reef trend in central Alberta，Canada［J］. Organic Geochemistry，29：163-182.

Liu J，Zhang G，Li Z，et al. 2019. Oil charge history of Paleogene-Eocene reservoir in the Termit Basin（Niger）［J］. Australian Journal of Earth Sciences，66（4）：597-606.

Song D，Li M，Wang T. G. 2013.Geochemical studies of the Silurian oil reservoir in the Well Shun-9 prospect area，Tarim Basin，NW China［J］. Petroleum Science，10（4）：432-441.

Stoddart D P，Hall P B，Larter S R，et al. 1995. The reservoir geochemistry of the Eldfisk field，Norwegian North Sea［M］//Cubitt J M，England W A. The Geochemistry of Reservoir. London：The Geological Society，257-280.

Wang T G，He F，Wang C，et al. 2008. Filling history of the Ordovician oil reservoir in theMajor part of the Tahe Oilfield，Tarim Basin，NW China［J］. Organic Geochemistry，39（11）：1637-1646.

Xiao Z，Li M，Huang S，et al. 2016. Source，oil charging history and filling pathways of the Ordovician carbonate reservoir in the Halahatang Oilfield，Tarim Basin，NW China［J］.Marine and Petroleum Geology，73：59-71.

Yang L，Li M，Wang T G，et al. 2016. Dibenzothiophenes and benzonaphthothiophenes in oils，and their application in identifying oil filling pathways in Eocene lacustrine clastic reservoirs in the Beibuwan Basin，South China Sea［J］. Journal of Petroleum Science and Engineering，146：1026-1036.

Zhang C，Zhang Y，Zhang M，et al. 2008. Carbazole distributions in rocks from non-marine depositional environments［J］. Organic Geochemistry，39（7）：868-878.

# 第七章 油藏成藏期次与时间

厘定油气成藏期次与时间，是确定油气系统关键时刻、评价有利油气圈闭的重要依据，也可以为确定油气来源提供重要佐证。本次研究厘定油气成藏温度的措施是将实测的流体包裹体均一温度，作为近似的成藏温度；通过单井数值模拟重建地层埋藏史—热史，并将成藏温度转换为成藏时间。所以包裹体均一温度的测定和单井埋藏史—热史的恢复是准确厘定成藏期次与时间的关键。运用实测的镜质体反射率剖面检验、校正地层埋藏史—热史，以便得到可靠的埋藏史—热史模型，以确保得到更准确的成藏时间。

## 第一节 流体包裹体特征及均一温度

本文采集了 Agadi-2 井、Goumeri-2 井和 Koulele D-1 井 Sokor 组和 Yogou 组储层砂岩样品，进行了流体包裹体观察和测温。

### 一、流体包裹体产状

#### （一）Agadi-2 井 Sokor 组流体包裹体

本次研究采集 6 件 Agadi-2 井 Sokor 组储层样品，样品深度范围为 2008～2011.4m，岩性为灰色中砂岩，显示级别高，为油浸，试油结论为油层。

该砂岩部分粒间孔隙中含轻质油，显示浅黄绿色或蓝绿色荧光。该砂岩发育 2 期次的油气包裹体：第 1 期油气包裹体发育于砂岩石英颗粒次生加大早中期，发育丰度低（GOI 约为 1%），包裹体为沿石英颗粒成岩期微裂隙或沿石英颗粒的加大边内侧成线状或成带分布。均为呈褐色、深褐色的液烃包裹体。第 2 期油气包裹体发育于砂岩石英颗粒次生加大期后，发育丰度较高（GOI 为 4%～5%），包裹体沿石英颗粒的成岩期后微裂隙成带分布、包裹体中液烃呈淡黄色，显示浅绿色、浅黄色荧光（图 7-1），气烃呈灰色。其中，液烃包裹体约占 20%，气液烃包裹体约占 80%。

气液烃包裹体伴生有丰富的含烃盐水包裹体。在镜下可见沿切穿石英颗粒的成岩期后微裂隙成带分布、呈透明无色的含烃盐水包裹体（图 7-2），实测与烃类包裹体伴生的含烃盐水包裹体的均一温度，即可得到包裹体捕获时的最低地层温度。

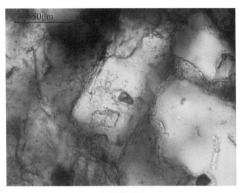

(a) 单偏光照片

(b) UV激发荧光照片

图 7-1 Agadi-2 井 2009.1m（Sokor 组）气液烃包裹体

沿石英颗粒的微裂隙成带分布、呈淡黄—灰色、显示浅黄绿色荧光的气液烃包裹体

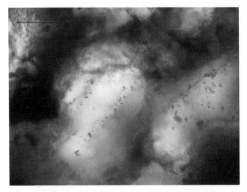

(a) 沿切穿石英颗粒的成岩期后微裂隙成带分布、
呈透明无色的含烃盐水包裹体

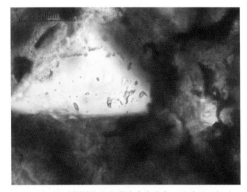

(b) 沿石英颗粒的微裂隙成带分布、呈透明无色
的含烃盐水包裹体

图 7-2 Agadi-2 井 2009.5m（Sokor 组）含烃盐水包裹体（单偏光照片）

沿切穿石英颗粒的成岩期后微裂隙成带分布、呈透明无色的含烃盐水包裹体

## （二）Goumeri-2 井 Sokor 组流体包裹体

本次研究采集 3 件 Goumeri-2 井 Sokor 组储层样品，样品深度范围为 2570.57～2571.4m，岩性为灰色细砂岩，为油浸显示级别，试油结论为油层。

该砂岩粒间孔隙中饱含中轻质油，普遍显示强烈浅黄绿色或蓝绿色荧光。该岩发育2 期次的油气包裹体：第 1 期油气包裹体发育于砂岩石英颗粒次生加大早中期，发育丰度较低（GOI 约为 2%），包裹体为沿石英颗粒成岩期微裂隙或沿石英颗粒的加大边内侧成线状或成带分布。均为褐色、深褐色的液烃包裹体。第 2 期油气包裹体发育于石英成岩次生加大期后，发育丰度高（GOI 约为 5%）。包裹体为沿切穿石英颗粒的成岩期后微裂隙成带分布，或由于溶蚀成因而成群分布于长石颗粒中。包裹体中液烃呈淡黄色或透明无色，显示黄色、浅黄色、浅黄绿色荧光，气烃呈灰色（图 7-3）。其中，液烃包裹体约占 30%，气液烃包裹体约占 70%。气液烃包裹体伴生丰富的含烃盐水包裹体（图 7-4）。

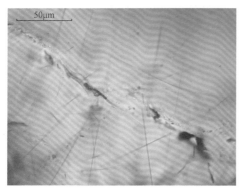

(a) 单偏光照片

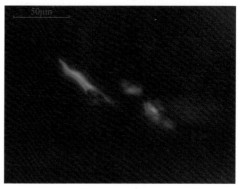

(b) UV 激发荧光照片

图 7-3　Goumeri-2 井 2570.7m（Sokor 组）气液烃包裹体

沿切穿石英颗粒的成岩期后微裂隙成带分布、呈淡黄—灰色、显示黄色荧光的气液烃包裹体

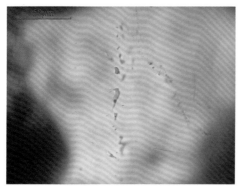

(a) 沿切穿石英颗粒微裂隙成带分布、
呈浅灰色—无色的含烃盐水包裹体

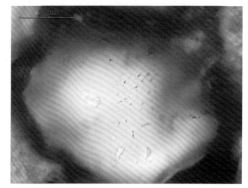

(b) 沿石英颗粒微裂隙面成带状分布、
呈透明无色的含烃盐水包裹体

图 7-4　Goumeri-2 井 2570.7m（Sokor 组）含烃盐水包裹体（单偏光照片）

### （三）Koulele D-1 井 Sokor 组和 Yogou 组流体包裹体

本次研究采集 3 件 Koulele D-1 井 Sokor 组储层样品，样品深度范围为 1333～1334m，岩性为灰色细砂岩，为油浸显示级别，试油结论为油层。

Sokor 组细砂岩粒间孔隙中普遍饱含中轻质油，显示浅蓝绿色荧光。该岩主要发育 1 期次的油气包裹体。该期次油气包裹体发育丰度高（GOI 为 4%～5%），包裹体为切穿石英颗粒的成岩期后微裂隙成带分布。包裹体中液烃呈淡黄色或透明无色，显示浅黄绿色、黄色、浅蓝绿色、浅蓝色荧光，气烃呈灰色（图 7-5）。其中，液烃包裹体约占 20%，气液烃包裹体约占 80%。图 7-6 是与气液烃包裹体伴生的含烃盐水包裹体。

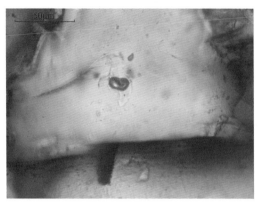

|(a) 正交偏光照片|(b) UV激发荧光照片|

图 7-5　Koulele D-1 井 1334m（Sokor 组）气液烃包裹体

沿石英颗粒的微裂隙成带分布、呈透明无色—灰色、显示蓝绿色荧光的气液烃包裹体

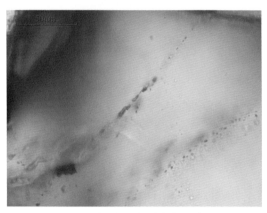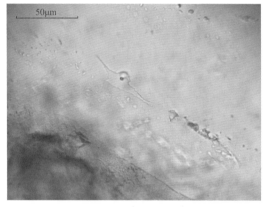

(a) 沿切穿石英颗粒微裂隙成带分布、　　　　　　(b) 沿石英颗粒微裂隙面成带状分布、
　　呈浅灰色的含烃盐水包裹体　　　　　　　　　呈透明无色—浅灰色的含烃盐水包裹体

图 7-6　Koulele D-1 井 1334m（Sokor 组）含烃盐水包裹体（单偏光照片）

　　本次采集 Yogou 组储层样品 2 件，样品深度范围为 3015.5～3019m，岩性为灰色细砂岩，为油浸显示级别，试油结论为油层。

　　Yogou 组砂岩部分粒间孔隙中含中轻质油，显示浅黄绿色荧光。该岩发育 2 期次的油气包裹体：第 1 期油气包裹体发育于砂岩石英成岩次生加大早中期，发育丰度低（GOI 为 1%～2%），包裹体均为沿石英颗粒成岩早中期微裂隙成线状或成带分布。均为呈褐色、深褐色的液烃包裹体。第 2 期油气包裹体发育于石英成岩次生加大期后，发育丰度极低（GOI 为 1%～2%），包裹体为沿切穿石英颗粒的成岩期后微裂隙成带分布。包裹体中液烃呈淡黄色，显示浅黄绿色荧光，气烃呈灰色（图 7-7、图 7-8）。其中，液烃包裹体约占 70%，气液烃包裹体约占 30%。

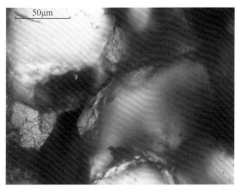

(a) 正交偏光照片　　　　　　　　　　　(b) UV激发荧光照片

图 7-7　Koulele D-1 井 3015.5m（Yogou 组）气液烃包裹体

沿石英颗粒的微裂隙成带分布、呈淡黄—灰色、显示浅黄绿色荧光的气液烃包裹体

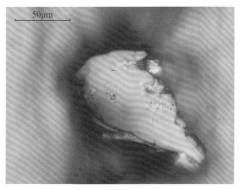 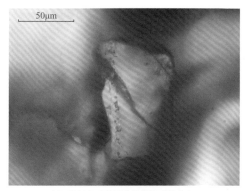

(a) 沿石英颗粒的微裂隙面成带状分布，　　　(b) 沿切穿石英颗粒微裂隙成带分布、
　　呈透明无色的含烃盐水包裹体　　　　　　　　呈浅灰色的含烃盐水包裹体

图 7-8　Koulele D-1 井 3015.5m（Yogou 组）含烃盐水包裹体（单偏光照片）

## 二、流体包裹体显微测温

Agadi-2 井、Goumeri-2 井和 Koulele D-1 井储层烃类包裹体发育，实测伴生的盐水包裹体均一温度和统计均一温度的分布，成直方图，作为成藏的主要温度，再结合单井埋藏史—热史恢复，将成藏温度转化为成藏时间。

图 7-9a 为 Agadi-2 井包裹体均一温度分布直方图。Agadi-2 井 Sokor 1 组（2008～2012m）均一温度分布范围为 76～124℃，平均值约为 94℃，主频为 85～95℃，共 108 个测点数，均一温度值较可靠。因此确定 Agadi-2 井 Sokor 1 组成藏温度为 85～95℃。

图 7-9b 为 Goumeri-2 井包裹体均一温度分布直方图。Goumeri-2 井 Sokor 1 组（2570.7～2571.4m）均一温度分布范围为 98～129℃，平均值约为 109℃，主频为 105～115℃，共 162 个测点数，均一温度值较可靠。因此确定 Goumeri-2 井 Sokor 组成藏温度为 105～115℃。

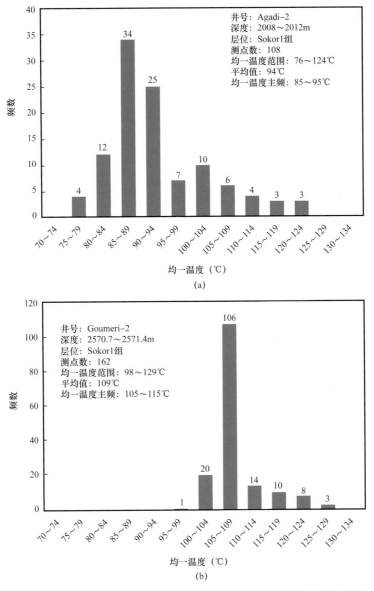

图 7-9　尼日尔 Termit 盆地 Agadi-2 井和 Goumeri-2 井 Sokor 1 组储层流体包裹体均一温度直方图

［图（a）据 Liu 等，2019 修改］

图 7-10a 为 Koulele D-1 井 Sokor 组储层流体包裹体均一温度直方图。Sokor1 组储层流体包裹体均一温度较低，为 72～92℃，平均值为 83℃，分布主频为 80～90℃，测点数较少为 20 个，结果仅供参考，所以本次研究没有厘定 Koulele D-1 井 Sokor 1 组的成藏期次与时间。

图 7-10b 为 Koulele D-1 井 Yogou 组储层流体包裹体均一温度分布直方图，Yogou 组流体包裹体均一温度高，为 85～133℃，平均值为 116℃，分布主频为 115～120℃，测点数为 32 个，均一温度值较可靠。

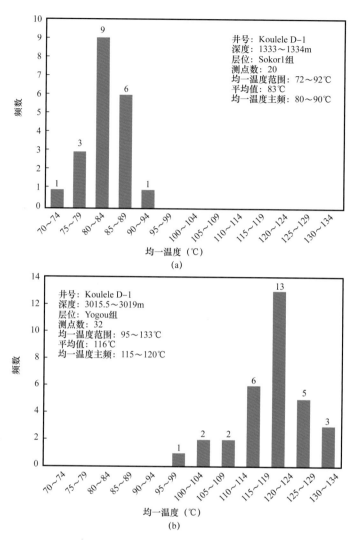

图 7-10　尼日尔 Termit 盆地 Koulele D-1 井 Sokor 1 组和 Yogou 组储层流体包裹体均一温度直方图

## 第二节　地层埋藏史—热史重建

### 一、地质模拟参数选定

将成藏温度转化成成藏时间的关键是单井埋藏史—热史恢复。本次研究采用 Basin Mod-1D 盆地模拟软件，对 Agadi-2 井、Goumeri-2 井和 Koulele D-1 井进行了单井地层—埋藏史和热史恢复。

盆地模拟的关键是地质参数的选取，本次模拟中地质年代的选取是根据国外石油公司和中国石油勘探开发研究院对 Termit 盆地年代地层格架的认识成果，地层系统则基于勘探院最新的分层数据。根据前人的研究成果，该地区古地表温度在 Donga 组和 Yogou

组沉积时期变化较小，在29～30℃，在Sokor1组—Sokor2组沉积时期古地温逐渐下降，从29℃降至24.5℃左右。

影响盆地模拟结果可靠程度的关键地质参数是地层剥蚀厚度和大地热流值。根据前人研究成果（Wan等，2014），Termit盆地没有发生大幅度的抬升剥蚀，而且小于200m左右的剥蚀幅度对成藏时间的影响不大（李美俊等，2008），本次研究主要参考前人对Termit盆地剥蚀厚度的研究成果（Wan等，2014）。

关于大地热流值，前人研究结果认为，在早白垩世中期和渐新世古热流值较高，达到60mW/m$^2$，对应两期裂谷旋回的裂陷深陷期；晚白垩世热流值较平稳，本次研究大致按该变化趋势选取大地热流史进行模拟。在实际模拟过程中，选取的热流值比上述参考值略高5mW/m$^2$，为约束和检验模型的可靠性，应当建立实测的热演化剖面（$R_o$），由于资料限制，没有对上述3口井进行镜质组反射率的测定。但我们建立了Minga-1井系统的$R_o$剖面以及建立了Minga-1井的地层埋藏史和热史曲线（图7-11），可以看出实测

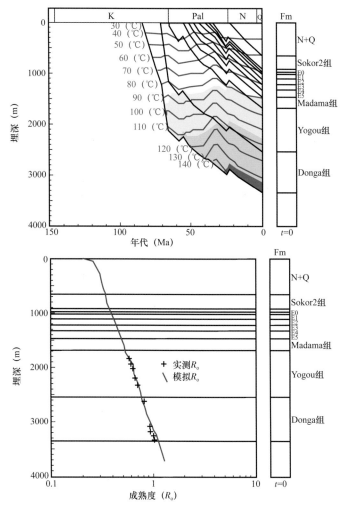

图7-11　Termit盆地Minga-1井地层埋藏史及模拟镜质组反射率与实测值对比

的 $R_o$ 剖面与模拟得到的结果吻合很好，表明我们选取的大地热流史模型基本可靠，可以用于上述 3 口井的热史模拟。

## 二、地层埋藏史

盆地模拟恢复的单井地层埋藏史—热史如图 7-12、图 7-13 和图 7-14 所示。

# 第三节　成藏期次与成藏时间厘定

将成藏温度投在埋藏史—热史图上，即可将成藏温度转化为成藏时间。Agadi-2 井 Sokor 组（E2 油组）为一期成藏，成藏时间为 7—2Ma（图 7-12）；Goumeri-2 井 Sokor 组（E2 油组）为一期成藏，成藏时间为 8—3Ma（图 7-13）。

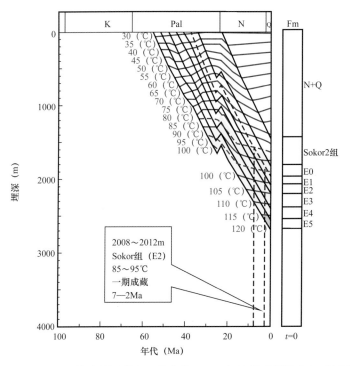

图 7-12　Agadi-2 井地层埋藏史—热史及 Sokor 组油藏成藏期次与时间厘定

Koulele D-1 井 Yogou 组油藏为一期成藏，成藏时间为 4—0Ma（图 7-14）。Koulele D-1 井 Sokor 组（E2 油组）流体包裹体均一温度测点数偏少（20 个），从现有结果看，均一温度偏高，现有的盆地模拟数据所恢复的热史曲线看，Koulele D-1 井 Sokor 组（E2 油组）地层温度尚未达到 80℃，可能原因一是测点数太少，包裹体均一温度直方图精度不够，还有可能是深部断裂晚期活动，快速沟通深部高成熟的烃类所致。

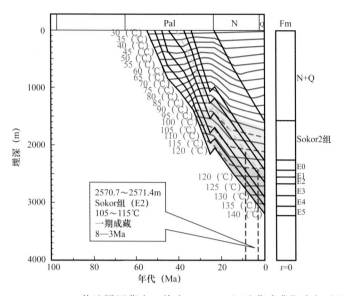

图 7-13　Goumeri-2 井地层埋藏史—热史、Yogou 组油藏成藏期次与时间厘定

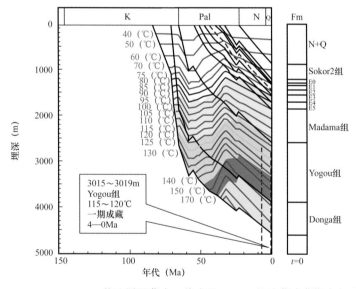

图 7-14　Koulele D-1 井地层埋藏史—热史及 Yogou 组油藏成藏期次与时间

# 参 考 文 献

李美俊，王铁冠，刘菊，等 . 2007. 由流体包裹体均一温度和埋藏史确定油气成藏时间的几个问题——
　　以北部湾盆地福山凹陷为例［J］. 石油与天然气地质，28（2）：151-158.

Liu J，Zhang G，Li Z，et al. 2019. Oil charge history of Paleogene-Eocene reservoir in the Termit
　　Basin（Niger）［J］.Australian Journal of Earth Sciences, 66（4）: 597-606.

Wan L，Liu J，Mao F，et al. 2014. The petroleum geochemistry of the termit Basin, Eastern Niger［J］.
　　Marine and Petroleum Geology，51: 167-183.

# 第八章 油气成藏规律与油气勘探

## 第一节 油气分布特征

### 一、构造转换带是有利油气富集区

#### （一）古近纪斜向裂谷作用形成一系列雁列式展布断层，发育大量构造转换带

断层的软联接作用（Soft linkage）通常会在断层叠置段内形成能传递断层位移的调节构造，称为转换带（Transfer zone）（Dahlstrom，1970；Peacock 和 Sanderson，1994；Soliva 和 Beredicto，2004）。Termit 盆地经历多期构造活动，且在古近纪经历斜向裂谷作用，形成一系列雁列式展布的正断层，断层之间有叠置，发育大量构造转换带。根据断层倾向及其组合特征，将盆地转换带分为同向和背向叠覆型两类。同向和背向叠覆型分别是指倾向相同和背向的正断层在叠置段发生软联接（图 8-1）。以下以形成于 Dinga 断阶带的 $F_1$ 和 $F_2$ 主断层叠置段的同向转换带为例，应用位移—距离法分析 Termit 盆地转换带的发育特征。

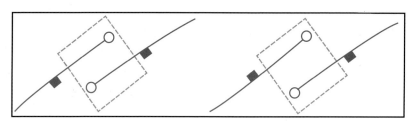

图 8-1 同向和背向转换带示意图

$F_1$ 和 $F_2$ 断层走向为北西—南东向，倾向北东向，断面较陡，垂向上断距大，平面上规模和延伸距离大，为早白垩世形成、古近纪继承性活动的边界断层。$F_1$ 和 $F_2$ 断层首尾互相叠置，发育大型转换斜坡型转换带。在该转换带及其周围还分布有一系列走向相同的古近纪后期断层，推测可能为早期边界断层在古近纪继承性活动所形成的派生断层（图 8-2、图 8-3）。总体来看，$F_1$ 和 $F_2$ 断层沿走向位移向断层终止端减小，但沿走向位置的位移总量基本保持一致，在位于位移最小值的叠覆段内形成转换带。由于该转换带内及其周围发育的派生断层同时也变换了主断层的部分位移量，使得局部地区的位移总量出现了一定异常（如 F—F′ 和 G—G′）（图 8-2）。

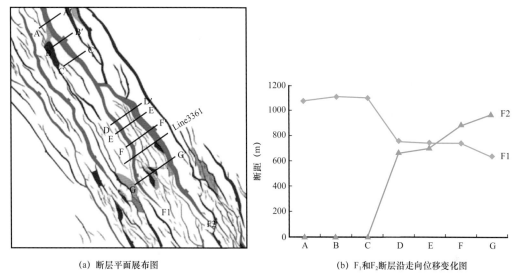

　　　　(a) 断层平面展布图　　　　　　　　　(b) F₁和F₂断层沿走向位移变化图

图 8-2　Termit 盆地 Dinga 断阶带 F₁ 和 F₂ 断层形成的同向转换带位移沿走向变化图

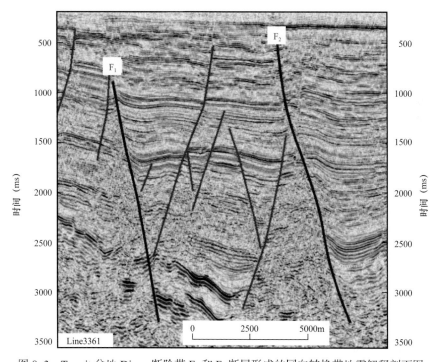

图 8-3　Termit 盆地 Dinga 断阶带 F₁ 和 F₂ 断层形成的同向转换带地震解释剖面图

(剖面位置见图 8-2)

## （二）大断层控制的同向转换带是油气富集区

　　大断层形成的同向转换带对油气的富集有重要控制作用，表现在：（1）形成一系列构造圈闭；（2）控制沉积体系展布；（3）有利于油气运移。

1. 转换带控制构造圈闭形成

早白垩世边界断层在古近纪发生继承性再活动，发育同向转换带的同时，在转换带内部和周围形成一系列由派生断层自身或与边界断层控制的断垒、反向断鼻等构造圈闭。以 Dinga 断阶带为例，由早白垩世边界断层 $F_1$、$F_2$ 和 $F_3$ 形成两个同向转换带被古近纪派生断层复杂化，在其内部形成一系列构造圈闭（图 8-4）。

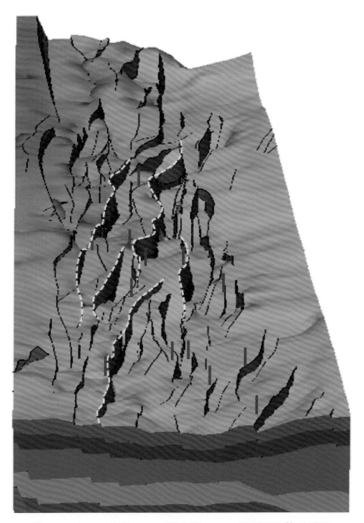

图 8-4　Termit 盆地 Dinga 断阶带 Sokor1 组顶面立体显示图

2. 转换带控制沉积体系展布

在裂谷盆地中，构造转换带对沉积体系的控制主要体现在物源通道的控制。单井砂地比统计、重矿物组成等研究显示在古近纪 Sokor1 组沉积时期盆地主要为短轴物源，沉积物主要来自盆地东、西两侧。Termit 盆地早白垩世边界断层在古近纪再活动形成一系列同向断阶坡折带。因此，沉积物可沿同向叠覆型转换斜坡进入盆地内部。在构造坡折带发育区，地震剖面上可识别出低位体系域的早期河流下切作用侵蚀形成的沟谷，表明这些坡折带是沉积物源搬运的主要通道。

3. 转换带有利于油气运移

在 Termit 盆地，大断层控制的同向转换带是油气的优势运移指向区，也是主要的油气聚集区。早白垩世边界断层在古近纪断层活动性大，且长期继承性活动，是沟通下部烃源岩和上部储层的主要通道。由边界断层控制的同向转换带是构造相对高部位，来自下部烃源岩层的油气沿着长期活动的油源断层向其控制的转换带内优势运聚，同时转换带内部和周围的派生断层起着控制圈闭和对油气再分配的作用。

## 二、油气主要分布于活动速率大的古近纪同沉积断层附近

### （一）较大活动速率的断层主要分布于 Dinga 断阶带和 Araga 地堑 Dibeilla 地区，与目前的油气发现分布一致

裂谷盆地在裂陷期的活跃断裂活动有利于油气的大规模运移（周心怀等，2009）。本文利用断层活动速率定量表征成藏期时断层活动性大小，计算方法为：在垂直于断裂走向的地震解释剖面上，用断裂上盘（Sokor2 组）厚度减去下盘厚度除以活动时间（10.9Ma）。在同一条断裂沿走向计算若干个等间距点的活动率，然后取平均值，即为该断裂在成藏期的活动速率（图 8-5）（周心怀等，2009；邹华耀等，2010）。Termit 盆地断层活动速率较大的断层（>25m/Ma）主要分布于

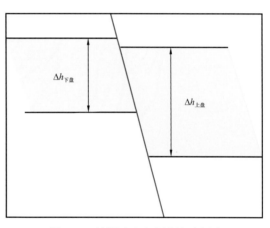

图 8-5 断层活动速率计算示意图

Dinga 断阶带和 Araga 地堑，这两个区带所发现的油气是该盆地主要储量贡献区，且油气藏主要分布于这些活动性大的古近纪同沉积断层附近（图 8-6）。

### （二）靠近活动速率大的断层，圈闭油气富集程度高

对位于 Dinga 断阶带和 Araga 地堑的主要油气藏进行了含油气厚度统计，结果表明靠近活动速率大的断层，油气藏含油气厚度较大，圈闭油气富集程度高；而远离活动速率大的断层，含油气厚度较小，油气富集程度低。在 Dinga 断阶带，主要油气藏均由活动速率大的断层控制，测井和试油结果表明含油气厚度较大；而位于该构造南部的油气藏远离活动速率大的断层，含油气厚度较小。在 Araga 地堑，Dibeilla-1 和 Dibeilla N-1 油气藏靠近活动速率大的断层（图 8-7），含油气厚度较大；而 Admer N-1 和 Admer-1 远离活动性大的断层，含油气厚度较小（刘邦等，2012）。

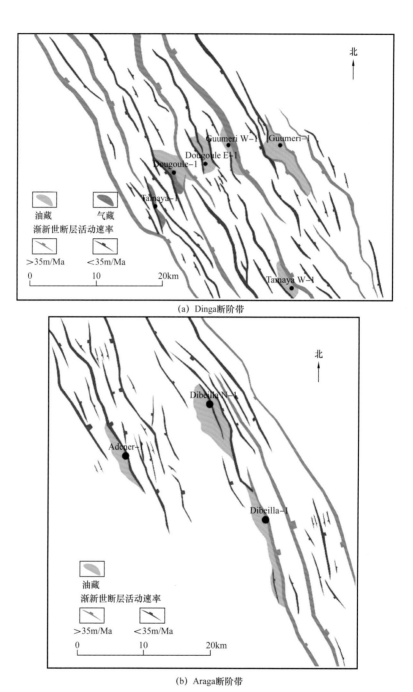

(a) Dinga断阶带

(b) Araga断阶带

图 8-6  Dinga 断阶带和 Araga 地堑断层发育与油气藏分布（据刘邦等，2012 修改）

### 三、有利圈闭类型为断垒、反向断鼻、反向断块

Termit 盆地目前已发现油气藏的主要圈闭类型为与断层相关的构造圈闭，主要是断垒、反向断鼻、反向断块圈闭（图 8-8），其中在 Dinga 断阶带主要圈闭类型为断垒和反向断鼻，在 Araga 地堑主要为反向断鼻（图 8-9）。

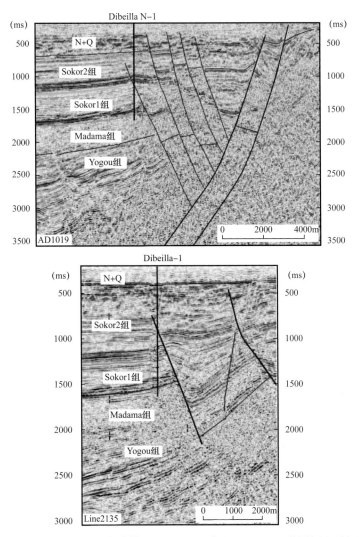

图 8-7　Termit 盆地 Dinga 断阶带 Dibeilla N-1 井和 Dibeilla-1 井圈闭地震解释剖面
（蓝色断层线：断层活动速率＞35m/Ma 的断层）

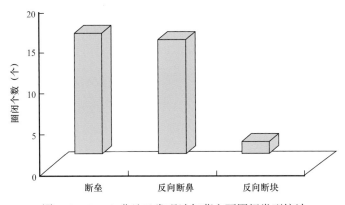

图 8-8　Termit 盆地已发现油气藏主要圈闭类型统计

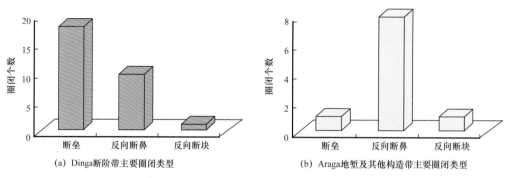

图 8-9　Termit 盆地 Dinga 断阶带和 Araga 地堑及其他构造带已发现油气藏主要圈闭类型统计

# 第二节　油气成藏主控因素

Termit 盆地经历了白垩纪和古近纪—第四纪两期裂谷旋回叠置的演化过程，其古近系油气成藏主要有以下两大主控因素。

## 一、叠置裂谷多期构造叠加控制多元生烃、多期生烃

### （一）叠置裂谷分别形成海相和湖相烃源岩

Termit 盆地叠置裂谷及晚白垩世大规模海侵的演化使其发育 3 套烃源岩，分别为形成于早白垩世同裂谷期的湖相烃源岩、晚白垩世后裂谷期的海相烃源岩、古近纪同裂谷期的湖相烃源岩。烃源岩评价研究表明 K1 组烃源岩总体为差—非烃源岩，III 型有机质为主，生烃潜力较差，油源对比尚未发现源自该套烃源岩的油气；上白垩统海相烃源岩分为两组，分别为 Yogou 组和 Donga 组，其中 Yogou 组海相泥页岩总体为中等—好烃源岩，有机质类型主要为 $II_2$—III 型；Donga 组泥岩为中等—差烃源岩，有机质类型以 $II_2$—III 型为主，相比较而言 Yogou 组生烃潜力较大；古近系湖相烃源岩分为 Sokor1 组和 Sokor2 组，均总体为好—优质烃源岩，以 I—$II_1$ 型有机质为主，但 Sokor2 组全盆地范围内埋藏较浅，未进入生烃门限，对古近系油气成藏贡献较小。

综上所述，Termit 盆地叠置裂谷的演化主要形成了发育于第一裂谷旋回后裂谷期的上白垩统海相烃源岩（以 Yogou 组为主）和第二裂谷旋回同裂谷期的古近系湖相烃源岩（以 Sokor1 组为主）。

### （二）原油主要分为两类，分别源于上白垩统 Yogou 组海相和古近系 Sokor1 组湖相烃源岩

对全盆地 31 口井、共 70 个油层的原油样品（包括 1 个 Sokor2 组和 3 个 Yogou 组油层样品）进行了色谱、色谱—质谱（饱和烃和芳香烃）、碳同位素等分析测试。原油地球化学研究显示，Termit 盆地原油可分为两大类，分别为 I 和 II 类（表 8-1），即

除 Dinga Deep-1 油藏的 Sokor1 组和 Goumeri-1 油气藏的 Sokor2 组油层原油样品（Ⅱ类原油）外，Termit 盆地大部分原油（Ⅰ类原油）地球化学特征相似。原油地球化学特征表明 Termit 盆地大部分原油（Ⅰ类原油）具有相同的成因，其母源均沉积于相对高盐度、还原—弱还原环境，与 Helit-1 井 Yogou 组中部泥岩发育段相似；而Ⅱ类原油的母源则沉积于低盐度、偏氧化环境，且特征生物标志化合物 4- 甲基甾烷含量高，与古近系 Sokor1 组湖相泥岩具有较好的一致性，推测该类原油可能来自或混有来自 Sokor1 组烃源岩的油气。

表 8-1　Termit 盆地原油类型及其地球化学特征

| 原油类型 | 地球化学特征 | 烃源岩沉积环境 |
|---|---|---|
| Ⅰ类 | Pr/Ph 值介于 0.65～1.57，伽马蜡烷含量相对较高（0.22～0.49），$C_{29}$ 甾烷优势明显，$C_{29}>C_{28}>C_{27}$，呈反 "L" 形，饱和烃和芳香烃碳同位素偏轻，三环萜烷含量高，基本无 4- 甲基甾烷 | 还原—偏还原、咸水—半咸水 |
| Ⅱ类 | Pr/Ph 值大于 2，伽马蜡烷含量低，甾烷 $C_{29}>C_{27}>C_{28}$，呈 "V" 形，饱和烃和芳香烃碳同位素偏重，三环萜烷和 4- 甲基甾烷丰富 | 偏氧化、淡水 |

### （三）多源、多期油气共输导体系混合成藏

**1. 上白垩统海相烃源岩与古近系湖相烃源岩生成的油气发生混源**

油源对比表明，Termit 盆地原油主要来自上白垩统海相 Yogou 组和古近系湖相 Sokor1 组烃源岩，源自以上两套烃源岩的油气在同一油气藏中发生混源。以位于 Dinga 断阶带靠近凹陷的 Goumeri-1 油气藏为例（图 8-10）。该油气藏 DST-1（E2）和 DST-3（Sokor2）油层的原油地球化学特征具有一定的差异性，表现为：DST-1 原油的饱和烃色谱图主峰碳为 $nC_{15}$，呈前峰型单峰态分布，含蜡指数（WI）[$100 \times \Sigma（C_{20}-C_{30}）/\Sigma（C_{10}-C_{30}）$] 较小，为 33.4%，API 度为 26.39，Pr/Ph 值为 1.26，饱和烃和芳香烃碳同位素分别为 -26.73‰和 -25.76‰，伽马蜡烷含量较高（Ga/$C_{30}$ 藿烷 =0.25），三环萜烷含量较高，藿烷 / 甾烷比值小（藿 / 甾 =5.3），$C_{27}-C_{28}-C_{29}$ 规则甾烷相对含量表现为 $C_{29}>C_{28}>C_{27}$，4- 甲基甾烷含量低；DST-3 原油的饱和烃色谱图主峰碳为 $nC_{29}$，呈后峰型单峰态分布，WI 值较大，为 74.5%，API 度为 36.23，Pr/Ph 值为 2.55，饱和烃和芳香烃碳同位素分别为 -25.01‰和 -24.46‰，伽马蜡烷含量较低（Ga/$C_{30}$ 藿烷 =0.08），三环萜烷含量较低，藿烷 / 甾烷比值大（藿 / 甾 =20），$C_{27}-C_{28}-C_{29}$ 规则甾烷相对含量表现为 $C_{29}>C_{27}>C_{28}$，4- 甲基甾烷含量高。DST-1 原油地球化学特征与 Termit 盆地Ⅰ类原油特征相似，推测来自上白垩统 Yogou 组海相烃源岩；而 DST-3 原油地球化学特征与Ⅱ类原油特征一致，其可能源自古近系 Sokor1 组湖相烃源岩。

DST-2（E2）原油的地球化学特征介于 DST-1 和 DST-3 原油之间，但更偏 DST-1 特征，表现为：原油饱和烃色谱图呈前峰型双峰态，主峰碳为 $nC_{15}$ 和 $nC_{27}$，WI 值为 47.5%，API 度为 32.47，Pr/Ph 值为 1.45，饱和烃和芳香烃碳同位素分别为 -26.21‰和 -25.61‰，伽马蜡烷含量中等（G/$C_{30}$ 藿烷 =0.2），三环萜烷含量较高，藿烷 / 甾烷值小（藿 / 甾 =5.9），$C_{27}-C_{28}-C_{29}$ 规则甾烷相对含量表现为 $C_{29}>C_{28}>C_{27}$，4- 甲基甾烷含

量低。以上地球化学特征表明 DST-2 原油具有 DST-1 海相烃源岩生成的原油与 DST-3 湖相烃源岩生成的原油混源的特征，两套烃源岩生成的原油共输导体系、共圈闭在同一油层中发生混源共聚（图 8-10）。

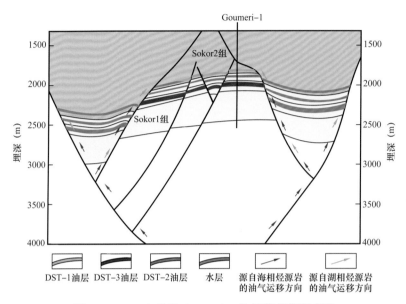

图 8-10　Termit 盆地 Goumeri-1 油气藏成藏模式图

2. 部分油藏经历至少两期原油成藏过程

在 Termit 盆地部分油藏原油样品中检测到丰富的 25- 降藿烷，如 Tamaya-1（E1），表明原油遭受过比较严重的生物降解作用。然而，该原油样品中正构饱和烷烃丰富，且峰型完整（图 8-11），因饱和烷烃最易被生物降解，故以上正构烷烃分布完整但存在 25- 降藿烷的现象表明原油具有多期充注的特征，即早期注入的原油遭受生物降解，而后期注入的正常原油使得现今其表现出既有降解原油的特征标志物（25- 降藿烷）又有未降解原油的完整正构烷烃分布特征。

## 二、后期叠置裂谷形成主力储盖组合和圈闭类型

### （一）后期叠置裂谷控砂

后期叠置裂谷控砂表现为后期裂谷旋回的不同演化阶段和形成的构造格局对古近系 Sokor1 组沉积体系的控制。叠置裂谷不同演化阶段对砂体发育的控制表现为：在 Sokor1 组 E5、E4 段沉积时期，叠置裂谷作用较弱，可容纳空间增加速率较小，物源供给充足，主要为辫状河三角洲沉积，特别是 E5 段砂体全盆地大面积稳定分布；在 E3、E2 段沉积时期，裂陷作用增强，可容纳空间增加速率较大，物源供给减弱，砂体主要发育于三角洲前缘沉积体系（图 8-12）。后期叠置裂谷形成的构造格局对砂体展布的控制表现为：随着古近纪裂陷作用增强，在 Araga 地堑内形成一系列断层控制的构造坡折带，来自东

侧物源的沉积体系无法越过地垒直接进入 Dinga 凹陷，而是在地垒内部顺坡折带进行再分配（图 8-12）。

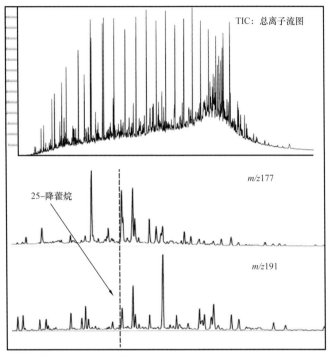

图 8-11 Termit 盆地 Tamaya-1 油藏原油（E1）饱和烃色谱与 $m/z$177、$m/z$191 质量色谱图

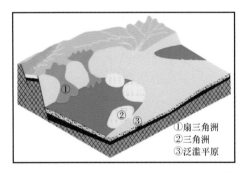

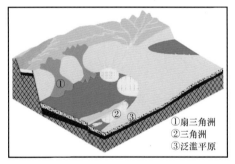

图 8-12 Termit 盆地叠置裂谷构造格局控制砂体展布模式图

## （二）后期叠置裂谷深陷期形成区域性盖层，控制油气垂向分布

1. 古近系 Sokor2 组中下部沉积于后期叠置裂谷深陷期，位于二级层序的最大湖泛面附近，厚层连续泥岩段大范围分布

古近系 Sokor2 组中下部沉积于后期叠置裂谷旋回的裂陷深陷期，位于二级层序的最大湖泛面附近，深湖—半深湖相泥岩全盆地大面积分布，在大部分区域厚度较大，为20～210m，仅在 Termit 西台地、东斜坡和 Soudana 隆起等盆地边部区域因受后期构造隆升剥蚀影响厚度较小（小于20m）。从位于东部的 Araga 地垒至位于西部的 Dinga 断阶

带，Sokor2 组下部泥岩段均较发育，且厚度稳定。

2. 古近系 Sokor2 组区域性泥岩盖层控制油气垂向分布

测井资料分析显示 Sokor2 组泥岩盖层物性封闭能力强，且普遍存在异常压力（图 8-13）。以 Tm-1 油气藏为例，Sokor2 组下部连续泥岩段埋深仅为 1000m 左右，但可有效地把其下的天然气层封闭在下面，证实了该套区域性盖层良好的封闭性。

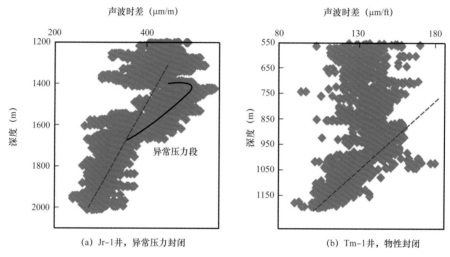

(a) Jr-1井，异常压力封闭    (b) Tm-1井，物性封闭

图 8-13　Termit 盆地 Sokor2 组盖层声波时差与深度关系图

在后期叠置裂谷旋回的断裂活动期，上白垩统 Yogou 组海相烃源岩生成的油气能够通过油源断层和 Madama 组输导层垂向和侧向运移至古近系 Sokor2 组区域性盖层之下的 Sokor1 组砂体中，在有利圈闭中聚集成藏。目前所发现的油气藏含油气层系主要为 Sokor1 组砂层组，而在盖层之上的地层和烃源岩层之上的河流相 Madama 组砂砾岩地层中尚无油气发现，证实了该套区域性盖层对油气垂向分布的控制作用。

**（三）后期叠置裂谷断裂活动形成大量与断层相关圈闭，有利圈闭类型为断垒和反向断鼻**

Termit 盆地后期叠置裂谷断裂活动形成大量与断层相关圈闭，其中在 Dinga 断阶带，后期叠置裂谷的继承和改造作用并存，表现为早白垩世边界断层在后期裂谷旋回发生继承性再活动，同时派生一系列反向和同向的次生断层，所形成的圈闭类型主要为断垒和反向断鼻；在 Araga 地堑和其他构造带，因早白垩世断层不发育，在后期叠置裂谷主要发育新生断层，对应圈闭类型主要为反向断鼻（图 8-14）。该盆地有利油气聚集的圈闭类型为断垒和反向断鼻，而在顺向断块圈闭中尚无油气发现，主要原因是在断垒和反向断鼻圈闭中，主力储层 Sokor1 组砂岩通过反向断层与 Sokor2 组厚层连续泥岩段侧向对接，易形成良好的侧向封堵条件；而在顺向断块圈闭中，Sokor1 组砂体易通过顺向断层与自身砂岩或 Madama 组厚层连续砂砾岩侧向对接，封堵条件较差。

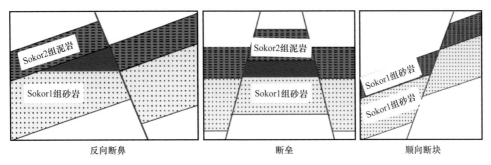

图 8-14 Termit 盆地主要圈闭类型

# 第三节 油气成藏模式

根据 Termit 盆地的构造演化、沉积充填及石油地质特征，在明确油气分布特征和成藏主控因素的基础上，建立了大规模海侵的叠置裂谷油气跨世代运聚模式（图 8-15），表现为以下 3 个方面：（1）主力烃源岩发育于早期裂谷坳陷期，主力储盖组合位于后期叠置裂谷裂陷期；（2）主力烃源岩分布范围大于后期叠置裂谷，使后期裂谷油气具有"满凹含油"的分布特征；（3）断裂输导油气跨世代运聚。

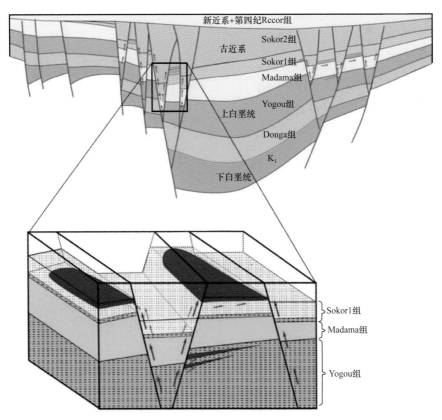

图 8-15 Termit 盆地大规模海侵的叠置裂谷油气跨世代成藏模式

　　Termit 盆地在晚白垩世进入第一裂谷旋回的坳陷热沉降期，并发生大规模海侵，沉积了大范围的海相地层，东尼日尔盆地群在晚白垩世为统一海相盆地，其中 Yogou 组海相泥页岩是该盆地的主力烃源岩。在始新世和古新世，盆地进入第二裂谷旋回的裂陷期，发育湖泊—三角洲沉积体系的 Sokor1 组，岩性上表现为砂泥岩互层，其中湖相泥岩为盆地另一套烃源岩，而砂岩层为良好的储层。在渐新世，盆地发生强烈裂陷活动，沉积的 Sokor2 组厚层连续湖相泥岩为良好的区域性盖层。同时早期边界断层发生继承性活动，形成大量断垒、反向断鼻等圈闭。大范围分布的上白垩统海相烃源岩在该裂陷期已进入大规模生烃期，生成的油气沿油源断层垂向运移至区域性盖层之下的古近系 Sokor1 组储层中，在靠近油源断层的圈闭中聚集成藏。Termit 盆地受晚白垩世大规模海侵的影响，早期裂谷发育的主力烃源岩分布范围远大于后期叠置裂谷形成的主力储盖组合分布范围，使后期裂谷的油气具有"满凹含油"的分布特征。

　　此外，上白垩统 Yogou 组海相和古近系 Sokor1 组湖相烃源岩生成的油气也可各自在自身地层中聚集成藏，形成自生自储型油气藏（图 8-16）。这两套烃源岩生成的油气还可通过共同的输导体系在同圈闭内发生混源聚集成藏。

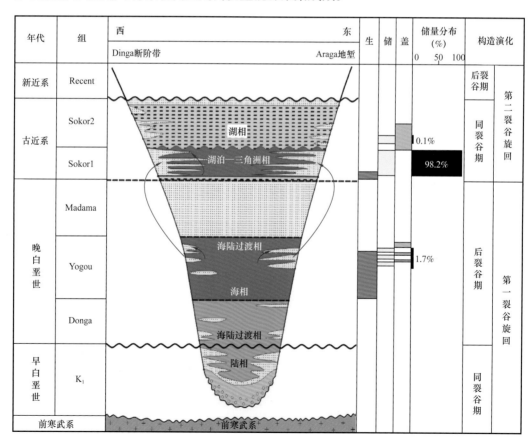

图 8-16　Termit 盆地含油气系统示意图

## 第四节  勘 探 成 效

尼日尔 Termit 盆地的油气勘探工作，自前作业者至中国石油接管以来，油气勘探工作经历了艰难而复杂的历程。区块勘探始于 20 世纪 70 年代，曾有 4 家国际知名石油企业接手（联手）开展勘查工作，发现油气藏小，且分布集中，储量规模有限。2008 年中国石油进入该盆地后，系统开展了基础石油地质综合研究，建立了基于海相烃源岩的叠置裂谷油气成藏模式，勘探发现并落实了多个亿吨级储量区，油气勘探取得重要突破与发现。

### 一、前作业者勘探历程

自 20 世纪 70 年代勘探至中国石油进入前，历经 40 年先后 4 家国际知名石油公司接手（联手）开展勘查工作，只发现了 7 个小油藏、2 个出油点，综合评价认为达不到商业价值，先后退出勘探区。

1970—1985 年：Texaco 作为首个作业者，当时的区块面积非常大，1985 年退还了大部分面积，只留下 Agadem 区块。油气勘探依据在中西非裂谷系的勘探经验，在 Termit 盆地针对白垩系具有背斜背景的构造钻探 7 口井均失利，在古近纪裂谷期地层中发现 Sokor 油藏，初步认识到源上成藏的潜力。

1985—1995 年：Elf 与 Esso 合作，各拥有该区块 50% 的权益，Elf 是作业者。通过研究认为古近系东部物源体系发育，具有满盆富砂的宏观地质规律。区块西侧三角洲前缘相带砂泥岩发育，易于成藏。勘探工作主要集中在 Dinga 断阶，发现 4 个油气藏。

1995—2006 年：Esso 拥有了 80% 的权益并担任作业者，1998 年 Elf 在未得到任何补偿的情况下退出该项目，Esso 拥有该区块 100% 的权益。2001 年 6 月续签该区块合同，与 Petronas 公司各拥有该区块 50% 的权益，Petronas 是作业者。该期油气预探围绕古近系凹陷先后钻探 6 口探井，只在 Dinga 断阶发现两个小油藏，于 2006 年退出该区块的勘探。

总体来看，西方石油公司在近 40 年的勘探实践中，先后完成了 30825km² 航磁及 17000km 二维地震勘探，平均测网密度只有 4km×8km，在 Dinga 地堑最密可达 2km×2km，南部邻近乍得湖盆地的 Trakes 和 Moul 区最稀为 8km×16km。共钻探井 19 口，仅发现 7 个小油藏，2 个小的出油点，成功率为 47%；钻探评价井 5 口，成功率仅为 40%。钻井成功率低、发现油藏资源规模较小、且位置较集中（图 8-17），大面积连片含油的潜力有限，达不到商业价值是各家石油公司先后放弃勘探的主要原因。

### 二、中石油勘探成效

#### （一）重点评价、拓展勘探阶段（2008—2009 年）

由于进入时间短、基础资料少，勘探部署主要基于前作业者钻探成果与地质认识，

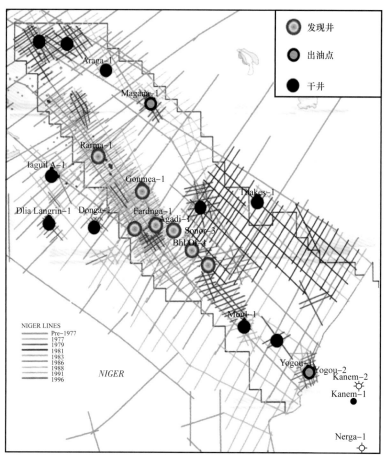

图 8-17　前作业者钻井分布及油气发现图

围绕前作业者发现区开展工作。油气预探按照"突出重点、优先评价，外围拓展、落实潜力"的总体思路，围绕 Dinga 断阶已发现油藏区集中评价，力争快速拿下主力油田，落实区带资源潜力，同时兼顾区域甩开，分 3 个层次展开：

（1）优先评价落实前作业者发现储量规模较大的 Goumeri 和 Sokor 油田的储量规模，为开发建产奠定储量基础；

（2）围绕前作业者已发现的 Dinga 断阶潜在油气富集带，积极拓展，尽快落实该区古近系资源潜力；

（3）利用现有地质资料，以油气成藏源控论为指导，围绕潜在生油凹陷区，甩开预探 Dinga 断阶以外古近系和白垩系目标，探索其他区带的勘探潜力。

在以上勘探思路指导下，2008—2009 年在 Dinga 断阶带勘探取得了一系列重大突破，同时区域甩开也获得重要发现：

（1）"首钻告捷，发现不断"，证实了 Dinga 地堑西部断阶带是最有利的油气聚集带；

（2）"区域甩开，初见成效"，盆地东北部先后发现一系列油气藏，极大地拓展了勘探领域；

（3）"滚动勘探，效果显著"，评价 Goumeri 油田、Sokor 油田、Agaidi 油田落实了亿吨石油地质储量。滚动评价为 I 期 $100 \times 10^4$t 产能建设奠定了资源基础。

### （二）外围甩开、战略突破阶段（2010—2011 年）

依据中国石油新钻井以及地质资料的逐渐丰富，加大石油地质特征研究力度，建立了超大面积三维地质建模，明确了 Termit 盆地晚白垩世大规模海侵、早白垩世和古近纪两期裂谷叠置的构造演化过程，创新性建立尼日尔 Termit 盆地"基于海相源岩的叠合型裂谷盆地油气成藏模式"。这一模式导致了不同于常规陆相裂谷"定凹选带"的区带评价和油气勘探思路，丰富了裂谷盆地的油气成藏理论，为本区勘探潜力评价奠定了理论基础，明确了 Dinga 断阶带为最有利油气富集区，Araga 地堑、Fana 低凸起、Yogou 斜坡、Moul 凹陷为最有利的勘探潜力区。

基于以上地质认识，油气勘探工作按照"外围甩开、探索潜力，滚动评价、落实资源"的总体部署思路，优化勘探部署方案，加大东部断裂带甩开预探力度，为全面展开勘探做准备。在总体勘探部署思路指导下，油气预探获得战略性突破，呈现出大范围含油的趋势，坚定了寻找规模储量的信心。

（1）战略突破东部断裂带，发现亿吨级油气富集带。2010 年，在区带综合评价的基础上，优选 Araga 地堑 Dibeilla 构造带为突破口，首钻的 Dibeilla-1 井，甩开预探获得重大突破，形成了亿吨级油气勘探战场。同时，提升了邻区 Bilma 区块的勘探前景。该井的突破有效的带动了 Agadem 区块东部断裂构造带的勘探进程，坚定了区带甩开寻求规模效益储量的信心。

（2）甩开预探 Fana 低凸帚状构造带，油气预探获得重要发现。2011 年以 Dibeilla 亿吨级区带为依托，加大外围甩开勘探的力度，向北对 Araga 地堑进行评价，向南探索 Fana 低凸起的成藏潜力。甩开预探的 Fn-1 井、K1-1 井均揭示商业石油地质储量，油气预探发现了新的含油区带，极大地拓展了勘探空间。

### （三）全面展开、规模增储阶段（2012—2017 年）

为快速、高效落实 Agadem 区块含油气规模，油气勘探工作按照"战略展开古近系、落实油气资源，战略突破白垩系、探索勘探潜力"的总体部署思路。针对古近系主力成藏组合提出"全盆地甩开"的勘探策略，并按"规模断层""反向断块和断垒""三角洲前缘砂"三要素开展圈闭评价和勘探部署，有力指导了 Termit 盆地的甩开勘探；同时，强化新层系、新领域、新类型"三新"勘探领域研究，针对白垩系组合提出"立足古构造背景，深化油气富集规律，强化内幕圈闭评价"的勘探研究思路，按照深浅兼顾的基本原则，优选评价具有古构造背景 Fana 低凸、Yogou 背斜、Yogou 斜坡、Trakes 斜坡等地区，力争实现下组合油气勘探的战略性突破。

在总体勘探思路和勘探部署方案指导下，油气勘探工作围绕 Termit 盆地两套组合与"三新"领域边钻探、边评价、边调整，快速有序展开取得了重大突破和发现。突破了1 个新凹陷、2 个新区带、2 个新层系，即新发现 Moul 坳陷亿吨级含油区带，落实 Fana 低凸起和 Diebeilla 构造带两个亿吨级储量规模，在白垩系及 Sokor2 组两个新层系勘探取得重要进展。

综上所述，Termit 盆地是外国公司近 40 年勘探认为没有经济效益而放弃的区块。中国石油进入后，在有限勘探期内，新发现 Dinga 断阶、Araga 地堑 Dibeilla 构造带、Fana 低凸起和 Moul 坳陷 4 个规模油气储量区，同时提升了临区 Bilma 区块的勘探价值。Termit 盆地石油地质综合研究和生产实践紧密结合，实现了低勘探程度风险勘探区块"快速高效"发现规模储量的目标，取得了显著的经济效益和社会效益。

# 参 考 文 献

刘邦，潘校华，万仑坤，等 . 2012. 东尼日尔 Termit 盆地构造演化及古近系油气成藏主控因素［J］. 石油学报，33（3）：394–403.

周心怀，牛成民，滕长宇 . 2009. 环渤中地区新构造运动期断裂活动与油气成藏关系［J］. 石油与天然气地质，30（4）：469–475.

邹华耀，周心怀，鲍晓欢，等 . 2010. 渤海海域古近系、新近系原油富集 / 贫化控制因素与成藏模式［J］. 石油学报，31（6）：885–893.

Dahlstrom C D A. 1970. Structural geology in the eastern margin of the Canadian Rocky Mountain［J］. Bulletin of Canadian Petroleum Geology，187（3）：332–406.

Peacock D C P，Sanderson D J. 1994. Geometry and development of relay ramps in normal fault systems［J］. AAPG，78（2）：147–165.

Soliva R，Benedicto A. 2004. A linkage criterion for segmented normal faults［J］. Journal of Structural Geology，26（12）：2251–2267.